非均衡空间下新能源供给的多主体合作策略研究

谌微微 韦玉东 张耀方 著

西南交通大学出版社

·成 都·

图书在版编目（ＣＩＰ）数据

非均衡空间下新能源供给的多主体合作策略研究 /
谌微微，韦玉东，张耀方著. —成都：西南交通大学出
版社，2021.11
　　ISBN 978-7-5643-8384-8

Ⅰ. ①非… Ⅱ. ①谌… ②韦… ③张… Ⅲ. ①新能源
– 能源供应 – 研究 Ⅳ. ①TK01

中国版本图书馆 CIP 数据核字（2021）第 229767 号

Feijunheng Kongjian xia Xinnengyuan Gongji de Duozhuti Hezuo Celüe Yanjiu

非均衡空间下新能源供给的多主体合作策略研究

谌微微　韦玉东　张耀方　著

责 任 编 辑	孟秀芝
封 面 设 计	何东琳设计工作室
	西南交通大学出版社
出 版 发 行	（四川省成都市金牛区二环路北一段 111 号
	西南交通大学创新大厦 21 楼）
发行部电话	028-87600564　028-87600533
邮 政 编 码	610031
网　　　址	http://www.xnjdcbs.com
印　　　刷	成都蜀通印务有限责任公司
成 品 尺 寸	170 mm × 230 mm
印　　　张	12
字　　　数	170 千
版　　　次	2021 年 11 月第 1 版
印　　　次	2021 年 11 月第 1 次
书　　　号	ISBN 978-7-5643-8384-8
定　　　价	88.00 元

前言

PREFACE

　　全球性能源危机、环境与生态问题日益突出，通过能源消费结构优化实现碳减排以及通勤出行的低碳化、绿色化已形成广泛共识。汽车交通运输行业是能源消费的重要行业，新能源汽车被认为是有效改善全球能源消费结构、实现绿色低碳出行的重要载体，也是重构汽车产业的产业链、供应链和价值链的重要契机。国家各部委多次联合发布重要政策指导文件，明确我国当前及今后较长一段时间内以纯电驱动为主的新能源汽车发展战略取向。

　　在政策和市场的双重作用下，我国新能源汽车产业飞速发展，但也显露出一些亟待解决的问题，如充电设施布局不均、数量不足等，严重影响新能源汽车进一步推广。现有电池技术下，新能源汽车的续航里程还不能满足消费者出行需求，因此，建立完善的充电基础设施及运营体系对新能源汽车产业持续发展尤为重要。然而，充电基础设施规划—建设—运营—维保中多主体间未形成明确的合作机制及供给合作策略，致使供给不足与浪费并存、维保成本高等，从而导致大量潜在消费者望而却步，严重阻碍了新能源汽车产业的进一步发展。鉴于此，本书以新能源汽车能源供给的非均衡空间需求分布特征为基础，对新能源供给的多主体合作策略开展研究。

　　首先，在宏观层面，基于新能源供给多主体尚未形成有效合作机制等问题，以复杂网络理论为基础，构建由供给端不同电力供应商、运营端不同充电桩运营商及消费端新能源汽车用户组成的新能源供给多主体合作网络，分析以电力供应商和充电桩运营商为主的企业层面新能源供给合作网络的分层拓扑结构及行为特征，建立考虑非均衡空间需求分布的非完全市场寡头竞争态势均质价格下多主体合作演化博弈模型，讨论不同情形下的新能源供给多主体合作行为机制及演化稳定策略。研究发现，通过建立电力供应商联盟，可确立信息沟通等有效合作机制，减少建设中的不确定性及信息不对称性，提高已有设施利用效率。

其次，从供应链角度出发，以"服务链"为理论依据，针对供给端电力供应商、运营端充电桩运营商及消费端终端用户之间由需求信息传递时延导致三者构成的新能源供给多主体合作服务链上下游信息不对称、实际建设与终端消费需求难以协调一致的状况，构建多级新能源供给多主体合作服务链，以新能源汽车的新能源供给需求量作为模糊变量，建立基于需求量随时间变动的新能源供给多主体合作服务链模糊需求模型及利润模型，设计新能源供给多主体合作服务链契约，消除由需求信息传递时延导致三者构成的多级服务链上下游信息不对称情况，以增强其持续协调性；建立多主体合作的分散式和集中式新能源供给合作动态定价决策模型，研究不同决策模式在新能源供给中的不同需求阶段对动态定价策略的影响，以便制定有利于促进新能源需求增长的动态定价策略。研究发现，新能源供给多主体合作服务链中终端用户契约数量逐渐逼近整个服务链的集中动态决策最优数量。

再次，从微观层面出发，结合运营端充电基础设施建设运行实践，研究在续航里程约束下的新能源供给多主体合作充电基础设施的递阶延时布局策略，分析递阶延时布局的具体特征；在此基础上，建立基于截流选址方法的扩展 *O-D* 交通路网，以消费端终端用户实际出行需求为依据，构建续航能力约束下的递阶延时布局优化模型，在优化、合理配置资源的基础上进行多主体合作的充电站设施布局，以促进新能源汽车产业发展。研究发现，充电站分阶段递阶延时建设可有效节约投资成本，且资金成本越高效果越明显。

最后，针对新能源供给合作运营端充电基础设施呈现出的低覆盖度、布局疏密非均衡性空间分布，充电基础设施技术上性能退化规律尚不明确等特征，提出为保证充电基础设施保持良好工作状态而建立运营端不同充电桩运营商合作组建的维保服务团队，定期对不同运营商的充电基础设施进行联合检修、维护；通过设置充电基础设施虚拟维保服务点建立多主体合作维保服务最短路径模型，以使维保服务团队单次服务的总路程最短。经过多种算法比较可知，运用遗传禁忌搜索算法对多运营商合作维保服务路径进行规划，总路径最短，可有效降低维保服务成本。

本研究具有一定的理论意义和实践价值：一方面，本研究拓展并丰富了现有新能源供给多主体合作策略研究理论；另一方面，研究结果可指导类似区域进行新能源供给网络多主体合作、充电基础设施建设及运行实践。

符号索引

序号	变量	含义
1	α	双方合作均投入建设,向其中一方付费的 CPO 数量占总体的比率
2	β	双方合作均投入建设,向其中另一方付费的 CPO 数量占总体的比率
3	δ	只有一方投入建设,"不投入方"向"投入方"付费的 CPO 数量占总体的比率
4	ξ_m	第 m 个 ESE 自建 TCF 数量
5	R_u	由 ESE 自建的 TCF 充电终端单位收益
6	θ	网络连接状况系数
7	P_0	网络初始连接状况下,对 CPO 的电力供应流量定价
8	$P(\theta)$	双方合作状态下,对 CPO 的电力供应流量定价
9	x	充电设施的类型
10	N_x	ESE 中所辖第 x 种类型充电设施数量
11	$\bar{B}$	第 x 种类型充电设施需要的平均电功率
12	B_{CPO}	初始定价下,CPO 需要付费的电量强度总和
13	L_{max}	ESE 间的最大连接承受能力
14	C_{unit}	维护连接畅通每年所需付出的单位维护成本
15	C_{total}	维护连接畅通所需付出的总成本
16	t	动态定价时点
17	$f(t)$	新能源汽车的销售量函数
18	ε	新能源汽车的能源需求期望系数
19	η	能源需求总量受终端消费者支付的能源使用价格影响系数
20	Q_t	t 时点能源需求总量
21	$\sum_{i=1}^{n} c_i^M$	ESE 提供超出原负荷能源供应进行的发电、线网改造、升压等成本
22	w	ESE 向 CPO 收取的能源供应价格
23	p	CPO 向终端用户收取的费用,包括能源供给费用和充电服务费
24	π_M^D	分散式动态决策情形下,ESE 的利润
25	π_R^D	分散式动态决策情形下,CPO 的利润

序号	变量	含义
26	π^{D}	分散式动态决策情形下，新能源供给多主体合作服务链的利润
27	p^{D}	分散式动态决策情形下，CPO 向终端用户收取的费用
28	Q^{D}	分散式动态决策情形下，新能源的需求量
29	w^{D}	分散式动态决策情形下，ESE 向 CPO 收取的能源供应价格
30	f^{D}	分散式动态决策情形下，CPO 向终端用户收取的充电服务费
31	$\sum_{j=1}^{m} c_j^{\mathrm{R}}$	CPO 提供能源供给服务所需的人工、管理等成本
32	π_{M}	集中式动态决策情形下，ESE 的利润
33	π_{R}	集中式动态决策情形下，CPO 的利润
34	π	集中式动态决策情形下，新能源供给多主体合作服务链的利润
35	f	集中式动态决策情形下，CPO 向终端用户收取的充电服务费
36	*	不同决策情形下的最优值
37	R	电动汽车的最大续航里程
38	Q	所有候选路径集合
39	Q_i	经过节点 i 的所有路径集合
40	$d_q(i,j)$	路径 q 上的任意两个节点 i 和 j 之间的距离
41	$ord_q(i)$	节点 i 在路径 q 中的排序指数
42	N^q	路径 q 的所有节点集
43	A^q	路径 q 的所有弧集
44	$G(N^q, A^q)$	路径 q 组成的道路网络
45	$\hat{N}^q$	扩展网络中路径 q 的所有节点集
46	$\hat{A}^q$	扩展网络中路径 q 的所有弧集
47	$\overline{A}^q$	带有扩展弧的扩展网络中的路径 q 的弧集
48	f^q	路径 q 的行驶需求
49	y_i	0-1 变量，取值为 1 表示节点 i 存在充电设施，否则取值为 0
50	χ_{ij}^q	路径 q 中弧 (i,j) 的流量

目录

CONTENTS

第 1 章

绪　论

1.1　新能源供给的双主体合作策略研究的背景及意义

1.1.1　研究背景

随着消费需求的变化，人均汽车保有量不断增加，化石燃料大量使用，全球性能源危机、环境恶化和生态问题加剧。联合国倡导各国政府出台更为严苛的排放标准，而传统燃油汽车通过迭代改进在油耗及碳排放满足国家及行业最新标准上的技术路径越来越艰难。新能源汽车成为未来可持续发展的重要战略方向，它既能满足消费者日益增长的汽车需求，作为重要工业产品又能有效缓解全球性能源危机和生态环境恶化，它的推广、普及对完善全球能源结构和改善人类环境具有重要的战略意义。发展新能源汽车是我国汽车产业突破技术瓶颈的必然选择[1]，也是我国从汽车大国迈向汽车强国的必由之路，因此，我国政府出台了一系列涉及能源补贴、基础设施、技术研发等多方面的激励政策及措施，以扶持新能源汽车产业的快速发展，如表 1-1 所示。在国务院《关于印发节能与新能源汽车产业发展规划（2012—2020 年）的通知》以及工信部、国家发改委、科技部《关于印发〈汽车产业中长期发展规划〉的通知》中，亦明确了我国当前及今后较长一段时间内以纯电驱动为主的新能源汽车产业战略取向[2-3]。经过各领域专家多次研讨修订的《新能源汽车产业发展规划（2021—2035 年）》已由工信部上报国务院，进一步明确了新能源汽车在国家能源结构调整过程中的重要地位，新能源汽车长期趋势向好。

表 1-1　中国关于新能源汽车的政策、法律法规

时间节点	政策法规
1994 年	科技部《关于国家重大科技产业工程电动汽车项目》
2001 年	科技部《国家"863"计划电动汽车重大专项》
2004 年	国家发改委《汽车产业发展政策》
2006 年	科技部《"863"计划节能与新能源汽车重大项目》
2007 年	国家发改委《新能源汽车生产准入管理规则》

续表

时间节点	政策法规
2008 年 12 月 18 日	国务院《关于实施成品油价格和税费改革的通知》
2009 年 1 月 23 日	财政部《关于开展节能与新能源汽车示范推广试点工作的通知》
2010 年 5 月 31 日	《关于在公共服务领域扩大节能和新能源汽车示范推广的工作的通知》
2010 年 5 月 26 日	《关于印发〈关于推广节能产品惠及人民的节能汽车（1.6L 及以下乘用车）实施细则〉的通知》
2010 年 5 月 31 日	《关于启动新能源汽车私人购买试点补贴的通知》
2011 年 12 月 5 日	《中华人民共和国车船税法实施条例》
2013 年 11 月 26 日	《四部委确定首批新能源汽车推广应用城市或地区清单》
2014 年 1 月 27 日	《关于支持沈阳、长春等城市和地区新能源汽车推广应用工作的通知》
2014 年 1 月 28 日	《关于进一步改善新能源汽车推广应用的通知》
2014 年 8 月 1 日	《关于免征新能源汽车购置税的公告》
2014 年 11 月 18 日	《关于奖励电动汽车充电基础设施建设的通知》
2015 年 4 月 22 日	《关于 2016—2020 年新能源汽车推广应用财政扶持政策的通知》
2016 年 1 月 11 日	《关于"十三五"期间电动汽车充电基础设施激励政策和加强新能源汽车推广应用的通知》
2016 年 12 月 29 日	工信部、财政部、科技部、发改委四部委《关于调整新能源汽车推广应用财政补贴政策的通知》
2017 年 1 月 13 日	能源局、国资委、国管局《加快单位内部电动汽车充电基础设施建设》
2017 年 2 月 20 日	工信部、发改委、科技部、财政部四部委《关于印发〈促进汽车动力电池产业发展行动方案〉的通知》
2018 年 2 月 13 日	财政部、工信部、科技部、发改委四部委《关于调整完善新能源汽车推广应用财政补贴政策的通知》
2018 年 4 月 1 日	工信部《乘用车企业平均燃料消耗量与新能源汽车积分并行管理办法（双积分）》
2019 年 3 月 26 日	财政部、工信部、科技部、发改委四部委《关于进一步完善新能源汽车推广应用财政补贴政策的通知》
2019 年 5 月 20 日	交通运输部等十二部门和单位《关于印发绿色出行行动计划（2019—2022 年）的通知》

续表

时间节点	政策法规
2020 年 4 月 7 日	工信部《关于修改〈新能源汽车生产企业及产品准入管理规定〉的决定（征求意见稿）》
2020 年 4 月 22 日	财政部、国家税务总局、工信部《关于新能源汽车免征车辆购置税有关政策的公告》
2020 年 4 月 22 日	财政部、国家税务总局、工信部《关于完善新能源汽车推广应用财政补贴政策的通知》
2020 年 8 月 19 日	工信部《新能源汽车生产企业及产品准入管理规定》

在政策和市场的双重作用下，我国新能源汽车产业飞速发展。中商产业研究院统计数据显示，我国新能源汽车的产销量持续快速增长，如图 1-1 所示，产销量连续五年位居世界首位，其中，纯电驱动的新能源汽车产销增长是其主要驱动力，占市场销售总量的 80%。纯电驱动的新能源汽车能源补给模式可分为充电和换电两种。鉴于换电模式在现有供给服务中所占比重较小且不具有典型性，本研究主要针对目前在市场中占据主导的充电模式。充电模式的新能源汽车高速发展对以电能为代表的新能源供给及其配套充电基础设施建设提出了更高的要求。

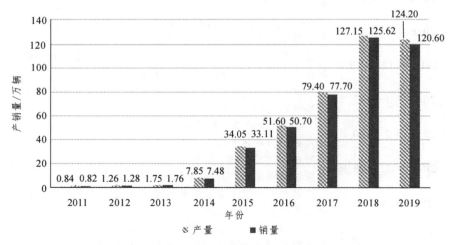

图 1-1　2011—2019 年中国新能源汽车产销量规模

数据来源：中商产业研究院。

在实践层，国内以充电桩为代表的新能源供给基础设施建设也取得显著成效，据中商情报网统计[4]，充电桩数量从 2010 年的 0.11 万个发展到 2020 年 6 月底的 132.2 万个，居全球首位，有力促进了我国新能源汽车产业的快速发展。特别是充电桩建设作为"新基建"的重要部分被写入《2020 年政府工作报告》，新能源供给基础设施建设将更有力地支撑新能源汽车产业的发展。

　　然而，在实际的新能源供给运营过程中，依然面临车多桩少的困境，充电排队现象屡见不鲜（见图 1-2），并且充电站内充电车辆排队造成堵车等问题，给新能源汽车用户带来了诸多不便。此外，在目前充电桩保有量不足以满足需求的情况下，局部地区仍有大面积坏桩无法使用[5]（见图 1-3），既影响用户体验感受又降低了资源利用效率。更有甚者，由于在充电桩建设前期，充电桩运营商为了抢占市场快速布点，未能较好进行选址规划便盲目建设，而充电桩建成后一度处于废弃状态，成为"僵尸桩"[6]（见图 1-4），不仅造成资源的极大浪费，还带来如何处置闲置充电桩的新难题。另外，充电单价标准各异，定价较低的充电站或充电桩拥堵进一步加剧，影响新能源汽车用户的使用体验，抑制其消费需求的增长。这些在新能源供给环节出现的不良现象让潜在消费者望而却步，成为制约新能源汽车产业进一步推广和普及的重要因素。

图 1-2　新能源汽车排队充电的情形

图 1-3　坏桩无人问津

图 1-4　被废弃的充电桩

　　进一步分析，产生上述排长队充电、坏桩无人问津、"僵尸桩"等多种现象的根本原因在于：充电桩作为充电基础设施在前期建设中利益相关方未形成明确的合作机制，不能有效约束各参与方行为；在严重受制于续航里程、需求非均衡分布情况下，缺乏科学合理的布局规划，设施布设及维保服务与实际运行脱节，加之不同电力供应商、不同充电桩运营商的个体逐利和机会主义"搭便车"行为，出现建设区域内局部冗长排队与"死桩"并存的利用率极度不平衡现象，在一定程度上削弱了政策和市场对新能源汽车产业的促进作用。与此同时，对于充电需求变化，缺乏科学合理的新能源供给定价策略，消费需求刺激效果有待提升，也是影响消费者决策的重要因素。

以充电桩为代表的新能源供给基础设施建设是新能源汽车产业发展的重要指标，而充电便利性是影响新能源汽车推广的首要和最重要因素。在实际的非均衡需求分布空间下，充电需求分布也存在较大差异，给充电设施建设规划提出了挑战。一方面，部分区域缺乏配套充电基础设施，消费愿望止步于"里程焦虑"；另一方面，已建设区域，由于充电基础设施属于新兴运营系统，其性能退化规律尚待明确，如何做好已建设施的维保服务，以保证其为终端消费者提供更好的能源供给服务，亦是新能源汽车产业进一步发展亟待解决的问题。

1.1.2　研究意义

在国家以纯电驱动为主的新能源汽车产业为主要战略取向的背景下，基于复杂网络、演化博弈、Stackelberg 博弈、供应链等理论对新能源供给的多主体合作策略进行研究，制定有利于新能源稳定可持续供给的多主体合作定价策略，开展可提高用户充电便利性的充电设施合作布局及维保服务，既可提升新能源汽车渗透率，确保国家战略的顺利实施，又可促进能源消费结构调整，对新能源汽车产业发展及人类可持续发展具有重要的理论与实践意义。

1）理论意义

基于复杂网络、演化博弈、Stackelberg 博弈、供应链等理论研究新能源供给的多主体合作网络及合作行为演化策略，拓展并丰富了现有新能源供给多主体合作策略研究理论。目前国内外研究集中于新能源产业合作、电动汽车充电基础设施布局算法及充电策略研究，本书通过梳理国内外相关理论与研究，结合现阶段我国新能源供给特点及存在的问题，以复杂网络为指导，构建新能源供给的多主体合作网络，研究新能源供给端的多主体合作演化策略；以供应链思想为指导，建立新能源供给的多主体合作服务链，从服务链效益最大化出发，分析服务链中多主体合作的定价策略，丰富了复杂网络、供应链等理论的应用场景，具有重要的理论意义。

2）实践价值

以理论模型为依据，以新能源汽车产销数据与区域交通运行数据作为案例开展研究工作，研究结果可指导类似区域进行新能源供给网络多主体合作、充电基础设施建设及运行实践，亦可为政府、新能源汽车充电基础设施运营商等多主体在建立合作机制、新能源供给基础设施建设、运行等实践活动提供参考借鉴。

1.2　新能源供给的多主体合作策略研究的基本概念与研究问题

1.2.1　基本概念

1）新能源

新能源原指除已经广泛运用的常规能源（如煤炭、石油、天然气）之外的各种非常规能源[7]，如太阳能、地热能、风能、海洋能、生物质能和核聚变能等，诸如此类的新能源最后大多会转化为电能。

如前所述，纯电动汽车的能源需求亦为电能，因此，本书中所提及的新能源是指为纯电动汽车提供能源补给的电能。

2）新能源汽车

根据工信部 2017 年发布的《新能源汽车生产企业及产品准入管理规定》（工信部令第 39 号），新能源汽车[8]是指采用非常规的车用燃料作为动力来源（或使用常规的车用燃料、采用新型车载动力装置），综合车辆的动力控制和驱动方面的先进技术，形成的技术原理先进、具有新技术、新结构的汽车。它包括纯电动汽车、增程式电动汽车、混合动力汽车、燃料电池电动汽车、氢发动机汽车等。

纯电动汽车因具有零污染、多能源和高效率等优点被视为最理想的新能源汽车[9]，因此，中国政府明确我国当前及今后较长一段时间内以纯电驱动为主的新能源汽车产业战略取向，在此战略取向下，纯电驱动的新能源汽车占据80%的新能源汽车市场份额[10]，而在充电和换电两种能源补给模式中，充电模式成为市场主导[11]，为了使研究更具有适用性及可推广性，本书将研究聚焦为充电模式下的新能源汽车[12]。因此，本书中所谓的新能源汽车是指以充电为能源补给方式的纯电驱动新能源汽车；新能源供给设施是指充电基础设施，其中充电基础设施又以充电桩为典型代表。

3）新能源供给

能源供给是指在一定时期内，能源生产部门在各种可能价格下，愿意并能够提供的数量[12]。这包含两层含义：一是能源生产部门的提供欲望；二是能源生产部门的提供能力。

根据本书研究对象，新能源供给是指电力供给，即电力生产部门在一定的价格下愿意且能够提供的用于新能源汽车消耗的能源数量。由于向新能源汽车提供能源补给还需要通过充电桩等充电基础设施来完成，所以，本书所谓的新能源供给包括电能从电力供应商（如国家电网有限公司、中国南方电网有限责任公司）经各充电桩运营商（如特来电、万帮、中国普天、云杉智慧等），再到终端新能源汽车用户的传输过程，以此实现交通出行绿色化、低碳化。

4）非均衡空间

"非均衡"英文为"disequilibrium"，其来源可追溯到1936年凯恩斯的著作《就业、利息与货币通论》，书中将"非均衡"描述为"小于充分就业的均衡"的资本主义经济常态[13]，而后凯恩斯还创立了具有非均衡特征的宏观经济学[14]。西方经济学界以非均衡分析方法建立了一套系统的非均衡理论，因此，非均衡的概念更多被运用于经济学分析中，即经济或市场的不均衡状态[15]，这是相对瓦尔拉斯均衡而言的，即经济或市场的非均衡状态。国内学者王认真等[16-18]通过对我国金融资源分布与GDP 发展进行相关性分析，发现金融资源空间配置非均衡是区域经济增长差距的重要原因。随着各个领域研究的需要，"非均衡"的思想也被运用到其他领域。比如，有学者将其引申为"非均匀"[19]，用于分析人口在空间分布的差异性对决策的影响。

当前，新能源供给基础设施在空间上的分布多集中于人口密度较高的主城区，或核心居民区或者商业、车流等较密集的地方，而对于离城区较远的郊区或者高速公路沿线，设施布置相对稀疏，甚至完全没有充电基础设施布局。这种充电基础设施空间上的分布呈现出一种不平衡的现象，因此，本书借鉴经济学领域的"非均衡"概念来描述区域内充电基础设施在空间分布上的不均衡现象。同时，新能源供给需求量、需求水平，以及充电基础设施功能发挥方面也存在一定的不均衡，这与区域消费水平、GDP、人均消费能力、人口密度等密切相关，这反映在新能源需求量方面，即存在非物理空间上的非均衡性。因此，本书涉及的"非均衡空间"是指区域内充电基础设施在总量水平、需求水平、功能发挥等方面表现出的空间非均匀分布、不均衡、不协调发展与布局。

5）多主体合作

图 1-5 所示为新能源供给系统示意图，在实际的新能源供给过程中它包含多个主体，即不同的电力供应商、不同的充电桩运营商及众多的终端用户。电力供应商将能源通过线网输送至充电桩运营商建立以充电站及充电桩为代表的充电基础设施，最后由充电基础设施将能源传导至电动汽车，以实现终端用户的能源供给需求。

在现实的能源供给过程中，按照角色进行划分，电力供应商、充电桩运营商、终端用户分别属于新能源供给的供给端、运营端和消费端，是不同的利益主体。在供给端，主要由两大电力供应商按照地域划分为所属区域的充电桩运营商提供能源供给；在运营端，由若干充电桩运营商将电力供应商及终端用户连接起来，实现能源的传导；在消费端，终端用户根据充电桩运营商的充电基础设施布局选择具体的设施完成充电。

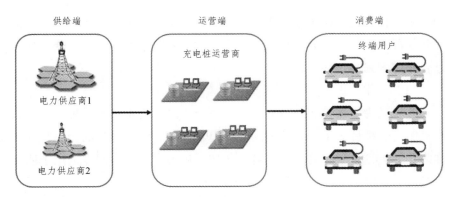

图 1-5 新能源供给系统示意图

多主体合作矩阵表如表 1-2 所示，新能源供给过程中的多主体合作主要有以下情形：供给端的合作博弈、运营端的合作定价、消费端的合作布局及合作维保服务。

表 1-2 多主体合作矩阵表

	供给端	运营端	消费端
合作博弈	▲ △		
合作定价		▲ △ ■ ●	
合作布局			■ ●
合作维保服务			■

说明：电力供应商 1 ——▲；电力供应商 2 ——△；充电桩运营商——■；终端用户——●。

（1）合作博弈。

合作博弈又称正和博弈[20]，指参与博弈的双方利益都有所增加，或者至少是一方利益增加，而另一方利益不受损害，因而整体利益有所增加。它允许参与者互相协调，结盟以提高自身利益，强调集体理性。

我国的电力供应市场主要由国家电网有限公司和中国南方电网有限责任公司两大电力供应集团提供，其中，国家电网有限公司电力供应所占份额远大于中国南方电网有限责任公司，竞争实力悬殊。本书用"电力供应商 1"代表国家电网有限公司、"电力供应商 2"代表中国南方电网有限责任公司。两大电力供应集团虽是供给端的不同利益主体，但扩大新能源供给需求有利于增加整个供给端的利益，故而，他们会选择通过合作博弈来尽可能实现自身利益增加。

（2）合作定价。

各厂商为了避免恶性价格竞争，也会通过协调生产和定价等合作行为来制定、维持一个合理的利润增长[21]。其中，对于定价的合作行为被称为"合作定价"。在普通商品定价领域适用的定价行为同样被用于能源供给定价中[22]。

在实际的新能源供给过程中，各充电桩运营商需要从电力供应商处取得能源供应，并以此通过充电设施传导至电动汽车。在此新能源供给过程中，电力供应商之间、电力供应商与各充电桩运营商之间根据自身利益最大化原则，在有效合作、相互协调的基础上共同制定价格策略，以使服务链整体利益最大化。

（3）合作布局。

设施布局指在已经确定的空间范围内对设施等进行合理的位置安排，以便经济高效地为消费者提供服务[23]。本书主要研究在满足终端用户中长距离需求下的充电站布局。

在充电站布局中，各充电桩运营商需要结合终端用户的实际出行需求，在合理的位置选址建设，在满足充电需求的前提下提高资源配置效率。因而，在此阶段需要充电桩运营商、终端用户之间合作完成充电站布局。

（4）合作维保服务。

维保服务指对生产运营系统或设备进行预防性维护、修理等一系列的检修活动[52]。在成熟的生产运营系统中，维保服务是定期安排的，有利于减缓设备的性能退化过程。

本书研究的维保服务主要对充电基础设施进行检修及维护，这些充电基础设施分属于不同的充电桩运营商，而众多充电桩运营商的设备分布规模、位置、性能退化等暂无规律可循。因此，为了保证能给终端用户提供便利的充电服务并尽快掌握各类充电基础设施的新能退化属性，各充电桩运营商间应当进行合作，成立多主体的合作维保服务团队，使整个充电基础设施运营系统维保服务成本最小。

6）服务链

服务链是在服务管理深入研究基础上提出的，Ken Ruggles 认为它是由不同服务提供者彼此合作而成的一种链状关系[24]。服务链是以信息技术、物流技术、系统工程等现代科学技术为基础，以满足顾客需求最大化为目标，将服务有关的各个方面，按照一定的方式有机组织起来，形成完整的消费服务网络，是能够主动为消费者提供全面、优质服务，提高服务主体对消费者服务质量的有机组成。

近些年，服务链理论多被用于期刊出版[25]、养老服务[26]、灾害应急处理[27]、制造业服务化[28]等领域中，后拓展到新能源供给领域[22]。鉴于此，本书基于服务链思想，构造新能源供给多主体合作服务链，对新能源供给的多主体合作进行研究。

7）非完全竞争市场

非完全竞争市场（imperfectly competitive market）又称不完全竞争市场、寡头垄断[29]，它是相对完全竞争市场而言的，除完全竞争市场以外的所有的或多或少带有一定垄断因素的市场都被称为非完全竞争市场。在我国，能源[30]、烟草[31]、电信[32]、广电媒体[33]等多属于非完全竞争行业。

本书研究的新能源汽车能源供给主要是电力供给，主要由国家电网有限公司和中国南方电网有限责任公司两大电力供应集团提供，属于典型的非完全竞争市场。其中，国家电网覆盖了占国土面积 88% 以上的 26 个省份的电力供应系统（其中西藏为独立运营），而南方电网主要负责两广、云贵和海南 5 省的电力运行。这两大电力供应集团对新能源供给的市场价格及供应量都有举足轻重的影响，可以用非完全竞争市场的理论进行分析。

8）均质价格

中国的电力供给主要由国家电网有限公司和中国南方电网有限责任公司两大电力供应集团完成，但电力供给属于关乎国计民生的重要资源，对于其供给价格和供应质量，政府都会进行宏观调控[34]，因此，由不同电力供应商完成的新能源供给呈现出同等质量均等价格的特点。

1.2.2 研究问题及研究目标

1）研究问题

（1）多主体的复杂合作行为演化机理。

新能源需求及供给呈现出非均衡空间分布的特点，以充电桩为代表的新能源供给合作基础设施在前期建设及实际运营中，由于供给端不同电力供应商、运营端不同充电桩运营商等多主体共识合作机制缺乏，随着时间的推移，各主体出于自身利益诉求的不一致性，个体逐利和机会主义"搭便车"现象凸显，无法有效约束各主体行为使其保持长期、有效的合作。根据演化博弈理论，建立多主体合作博弈模型，对其效用函数进行分析，并讨论各种情形下的多主体合作行为演化稳定策略，厘清多主体复杂合作关系下的行为演化机理，依此制定管理策略以促进新能源稳定可持续供给。

（2）不确定需求下的服务链多主体协调及定价机制研究。

在实际运营中，新能源供给治理环节供给端不同电力供应商、运营端不同充电桩运营商及消费端众多终端用户等多主体之间由需求信息传递时延导致三者构成的新能源供给多主体合作多级服务链上下游信息不对称，以致于新能源供给基础设施建设与消费端终端用户充电需求难以协调一致，造成公共资源配置效率低下，长此以往不仅造成资源浪费，还会使得新能源供给环节恶性发展，因此，需要以供应链理论为指导，建立多主体合作协调机制确保其复杂合作关系的稳定、健康发展。另外，随着新能源汽车产业发展，消费端新能源需求不断增加，新能源供给网络建设分摊到单位新能源的费用降低，供给端的新能源供给单位成本下降，为了使终端消费者的能源需求持续增加，应当以动态定价理论为指导，制定适宜的定价机制，以促进新能源供给合作的多主体实现共赢共荣，从而促进整个新能源供给产业的发展。

（3）考虑续航里程及需求变动的递阶延时多主体合作布局规划。

新能源汽车的续航里程亦是影响其发展的重要因素，且短期内电池技术提升的空间有限，构建可消除消费者"里程焦虑"的充电基础设施网络是解决此问题行之有效的方法。从时间维出发，充电基础设施需求与交通流密度呈双螺旋同步增长，若一次建成所有的充电站会造成资源的浪费及投资成本的增加，因而在续航里程约束下，以消费端终端用户的实际出行需求变化为依据，构建不同充电桩运营商及终端用户等多主体合作的充电基础设施递阶延时布局模型，在优化、合理配置资源的基础上促进终端用户的中长距离出行及充电需求，也是对多主体合作行为演化及各主体协调发展的准确诠释。

（4）新兴运营系统的多主体合作维保服务机制。

新能源供给基础设施网络正常运行是新能源供给多主体合作得以实现的基础，也是保证新能源供给多主体合作可持续发展的重要条件。新能源供给运营端的基础设施网络性能退化规律尚不明确，且区域内成片、多运营商的充电基础设施检修、维护服务机制仍未建立的情况下，为保证充电基础设施网络正常运行，不同充电桩运营商可通过多主体合作建立联合维保服务团队对运营端已建充电基础设施进行定期维护、保养，既可逐步建立充电基础设施性能退化档案，又可为保证充电基础设施具备良好的运行状态、为消费端新能源汽车用户提供更好的能源供给服务、促进新能源汽车产业发展提供重要保障。

通过对多主体合作行为演化机理、不确定需求下的多主体协调及定价机制、合作布局规划、合作维保服务机制的新能源供给价值闭环管理，可以实现新能源供给环节的内生循环，进一步促进其完成自我更新及内生增长升级。

2）研究目标

基于上述新能源供给中的实际问题，本书将从复杂网络、演化博弈、Stackelberg 博弈、供应链等基础理论出发，梳理新能源供给多主体合作的内在动机。通过对现有新能源供给多主体合作研究的综合分析，以实际运行状况中存在的问题为依据，构建新能源供给多主体合作网络模型，并分析各主体的合作行为演化特征，设计链式契约及动态定价决策模型；在此基础上优化设施布局及合作维保服务策略。具体研究目标包括以下三方面：

（1）理论体系方面。梳理新能源供给时空特征、多主体合作定价及其优化策略等方面的理论及其研究进展，探讨新能源供给多主体合作策略涉及的基础性、创新性的科学问题；厘清影响新能源供给多主体合作的重要因素，构建新能源供给多主体合作网络模型及供给服务链；通过分析新能源供给合作多主体的合作行为演化特征、效用函数等对多主体合作设计链式契约及动态定价决策模型，为新能源供给多主体合作研究、应用提供理论支撑并丰富理论体系。

（2）实践应用方面。深入剖析新能源供给多主体合作已有基础及存在的现实问题，构建适合我国新能源供给多主体合作的应用框架。通过对新能源汽车产销历史数据的收集及预测，设计有利于需求持续稳定增长的新能源供给多主体合作链式契约，以指导各主体开展新能源供给合作，同时完善和优化新能源供给基础设施的布局及维保服务策略，从而促进新能源汽车产业的进一步发展。

（3）服务决策目标。通过研究新能源供给多主体合作服务的现状，探索有利于促进新能源供给多主体合作的运行保障体系，为政府、电力供应部门、充电桩运营商等相关利益方提供决策参考，更好地促进我国新能源汽车产业的进一步推广和普及。

1.3 非均衡空间下新能源供给的多主体合作策略研究内容、方法及技术路线

1.3.1 研究内容

在非均衡空间分布的特征下，本书以占据市场主导地位的充电服务模式为研究对象。在宏观层面，拟构建由供给端不同电力供应商、运营端不同充电桩运营商及消费端众多新能源用户组成的新能源供给的多主体合作网络，分析以电力供应商和充电桩运营商为主的企业层面新能源供给多主体合作网络的分层拓扑结构及行为特征，建立考虑非均衡空间

分布的非完全市场寡头竞争态势均质价格下多主体合作演化博弈模型，讨论不同情形下的新能源供给多主体合作行为演化机制及演化稳定策略，提出激励不同电力供应商间长期可持续合作的有效措施。从供应链角度，以"服务链"理论为依据，针对供给端不同电力供应商、运营端不同充电桩运营商及消费端众多新能源用户之间由需求信息传递时延导致三者构成的新能源供给多主体合作服务链上下游信息不对称、实际建设与终端消费需求难以协调一致的状况，构建多级新能源供给多主体合作服务链，以新能源汽车的新能源供给需求量作为模糊变量，建立基于需求量随时间变动的新能源供给多主体合作服务链模糊需求模型及利润模型，设计新能源供给的多主体合作服务链契约以消除由需求信息传递时延导致三者构成的多级服务链上下游信息不对称以增强其持续协调性；在服务链协调的基础上，建立多级新能源供给多主体合作服务链中各主体间的分散式和集中式动态决策模型，研究不同决策模式在对新能源供给不同需求阶段动态定价策略的影响，制定有利于促进新能源需求增长的动态定价策略。在微观层面，研究在续航里程约束下的新能源供给的多主体合作的充电基础设施的递阶延时布局策略，分析递阶延时布局的具体特征；在此基础上，建立基于截流选址方法的扩展 *O-D* 交通路网，以终端消费者实际出行需求变化为依据，构建续航能力约束下的递阶延时布局优化模型，在优化、合理配置资源的基础上进行充电基础设施布局，以促进新能源汽车产业发展；针对新能源供给多主体合作的充电基础设施呈现出低覆盖度、布局疏密非均衡性空间分布，充电基础设施在技术上的性能退化规律尚不明确等特征，为了保证充电基础设施保持良好工作状态满足新能源汽车用户充电需求，提出各充电桩运营商合作建立专业维保团队定期对不同运营商的充电基础设施进行联合检修、维护；通过设置充电基础设施虚拟维保服务点构建合作维保服务最短路径优化模型，以使维保服务团队单次服务的总路程最短。

对上述内容的国内外现有相关文献研究现状进行对比分析，本书拟定四个方面的研究内容。

1）非均衡空间下新能源供给的多主体合作博弈策略研究

在实际的建设运营过程中，由于泛在共识合作机制的缺乏，加之不同电力供应商、不同充电桩运营商的个体逐利和机会主义"搭便车"行为，充电基础设施的建设运营出现了局部冗长排队与"死桩"并存的利用率极度不平衡现象。究其原因，一方面，现有电力供给端处于政策配给制的非均衡空间下双寡头非完全市场竞争态势，相关学者的研究在价格机制开放性和灵活性方面的假设与此存在相悖之处，使得给予的新能源供给建设运营政策建议可操作性亟待提升；另一方面，仰赖政府补贴政策的电力供应商和充电桩运营商"重建设轻运营"，对当前非完全市场机制下以充电桩为代表的新能源供给可持续发展缺乏动力和长效合作机制。因此，考虑非均衡空间非完全市场寡头竞争态势均质价格下，从企业层面构建不同电力供应商和不同充电桩运营间的多层有效合作机制，深入分析各主体的合作行为，以及促使其合作行为向可持续长效供给演化的条件，并探索存在政府调控时的补贴阈值，是实现以充电桩为代表的新能源供给产业可持续均衡运营亟待解决的问题。鉴于此，构建由供给端不同电力供应商、运营端不同充电桩运营商及消费端众多新能源用户组成的新能源供给合作网络，分析以电力供应商和充电桩运营商为主的企业层面新能源供给多主体合作网络的分层拓扑结构及行为特征，建立考虑非均衡空间分布的非完全市场寡头竞争态势均质价格下多主体合作演化博弈模型，讨论不同情形下的新能源供给多主体合作行为机制及演化稳定策略，提出激励不同电力供应商间长期可持续合作的有效措施，促使其向预定目标演化；进一步，考虑该行业在政府调控下电力供应商和充电运营商间的合作行为及演化机制，探讨以充电桩为代表的新能源供给合作基础设施建设初期政府应给予的补贴阈值，从而逐步提升能源供给环节的盈利能力，提升以充电桩为代表的新能源供给多主体合作网络均衡运行效率，促进新能源汽车产业可持续发展。

2）非均衡空间下新能源供给的多主体合作定价策略研究

新能源供给的多主体合作定价机制还未得到其他学者的系统性研

究，但随着新能源汽车保有量的不断增长，具有高度价格弹性的新能源需求必然会发生相应变化，其合作定价机制必然会成为学者们需要解决的问题。本书从供应链角度出发，以"服务链"理论为依据，针对不同电力供应商、不同充电桩运营商及众多终端用户之间由需求信息传递时延导致三者构成的新能源供给服务链上下游信息不对称、实际建设与终端消费需求难以协调一致的状况，构建多级新能源供给多主体合作服务链，以新能源汽车的新能源供给需求量作为模糊变量，建立基于需求量随时间变动的新能源供给合作服务链模糊需求模型及利润模型，设计新能源供给合作服务链契约以消除由需求信息传递时延导致三者构成的多级服务链上下游信息不对称以增强其持续协调性；在服务链协调的基础上，基于经典 Stackelberg 博弈模型建立多级新能源供给多主体合作服务链中各主体间的分散式和集中式动态决策模型，依据新能源终端用户付费结构，分别确定不同决策模式下新能源供给多主体合作的两部制动态定价，研究不同决策模式在新能源供给不同需求阶段对动态定价策略的影响，结合服务链实际运行情况进行案例分析，制定有利于促进新能源需求增长的新能源供给多主体合作定价策略。

3）非均衡空间下新能源供给的多主体合作布局策略研究

充电基础设施建设作为"新基建"重要领域被写入《2020 年政府工作报告》，以充电桩为代表的新能源汽车充电基础设施的科学配置问题理应得到政府、企业界和学术界的广泛重视。进一步提升新能源汽车渗透率，改善通勤驾乘结构，真正实现交通出行绿色化、低碳化，有序提升充电设施覆盖度，并深度优化非均衡空间区域内充电基础设施的布局，将成为新基建的重点突破方向之一。在充电基础设施建设运行实践中，研究在续航里程约束下的新能源供给多主体合作的充电基础设施递阶延时布局策略，分析递阶延时布局的具体特征；在此基础上，建立基于截流选址方法的扩展 O-D 交通路网，以消费端终端消费者实际出行需求变化为依据，构建续航能力约束下的多周期递阶延时布局优化模型，以最大限度地覆盖总的交通需求；在优化、合理配置资源的基础上进行运营端充电基础设施布局，以实际区域交通出行需求为例进行模型求解。

4）非均衡空间下新能源供给的多主体合作维保服务策略研究

新能源供给多主体合作最终由运营端的充电基础设施将能源传导至新能源汽车，以实现交通出行绿色化、低碳化。由于充电基础设施在技术上的退化规律尚不明确从而导致其不能像智能电网等成熟运营系统一样进行定点、定时维保服务，设计维护保养方案和制定间隔周期便成为研究难题。非均衡分布状态下，充电需求量大或充电便捷度高的充电设施频繁使用，更易出现故障，前期新能源汽车用户的使用体验对持观望态度的潜在消费者有较大的影响，因而在众多充电基础设施品类技术退化规律尚不明确的情况下保证全域范围内运营端充电基础设施良好的运行状态对新能源汽车进一步推广具有重要意义。故而，建立非均衡空间下新能源供给多主体合作的维保服务策略是其首要任务，可使所有充电基础设施在合理间隔周期内都能接受维护、保养，恢复最优或接近最优性能状态。针对充电基础设施多运营商、低覆盖度、布局疏密不均、性能退化规律不明确等问题，通过不同充电运营商合作组建专业维护团队定期对区域内所有充电设施进行故障排查、维修及保养是较为有效的途径，既有利于提高新能源汽车充电便利性，又能较快掌握充电基础设施性能退化规律以促进技术进步。鉴于此，针对区域内非均衡分布且性能退化规律尚不明确的充电基础设施，首先，提出通过制定不同充电桩运营商合作进行维保服务策略确保充电基础设施性能可满足新能源汽车用户充电需求，建立充电桩运营商合作下的维保服务路径优化模型；其次，采用基于分布密度的 DBSCAN 算法将区域内充电基础设施按照分布密度进行聚类，设置充电基础设施虚拟维保服务点；最后，以虚拟维保服务点的地址位置信息为基础，运用遗传禁忌搜索算法对联合维保服务路径进行研究，以使维保服务团队单次服务的总路程最短。

1.3.2　研究方法

本书主要采用文献研究、归纳总结、系统建模、案例研究等研究方法开展研究工作。

1）文献研究法

文献研究法是各类研究中最为常用的一种方法。一方面，通过多种途径（如 CNKI、Web of Science、Springer Link、Elsevier 等数据库）对国内外已有相关研究文献进行广泛查阅、收集、整理、分类，掌握与选题相关的研究动态及其发展概况，形成本书所选研究主题的科学认识，并提供理论基础；另一方面，通过获取专业性研究报告（如《2019 新能源汽车消费市场研究报告》等）或公开发布的权威数据（如新能源汽车产销数量等），为本研究提供数据支撑。

2）归纳总结法

归纳总结法是对相关文献或特定问题研究的具体情况，按照一定的标准，并依据一定的内容、特征等进行归纳，然后经过对比分析，总结概括出属性和规律，使之系统化、理论化的一种研究方法。

3）系统建模法

系统建模法是指根据不同的研究需求，剔除不必要的影响因素后，把研究对象的主要特征用数学模型或逻辑语言的形式描述（或模拟）出来，并通过建立相应的计算模型，最终实现对研究问题的分析。本书在系统建模法中用到的数学模型主要有演化博弈模型、Stackelberg 博弈模型、复杂网络模型、模糊数学模型、截流选址模型等。

4）数值仿真法

数值仿真法又称数值分析法，是指借助于一些分析软件结合计算机处理技术，利用数值模拟方法对模型进行求解，并对模型的变量间关系进行可视化呈现，从而达到解释特定现象或研究特定问题的目的。

5）案例研究法

案例研究法是实地研究的一种，即根据研究内容设计，选择一个或多个场景为研究对象，系统地收集数据和资料，进行深入研究，用以探讨某一现象在实际生活环境下的状况。相对于其他研究方法，案例研究法能够对案例进行详细的描述和系统的理解，对动态的相互作用过程与所处的情境脉络加以掌握，可以获得一个较全面与整体的观点。

1.3.3 总体思路及技术路线

本书按照"提出问题—分析问题—解决问题"的总体思路开展研究工作，详细的技术路线如图 1-6 所示。

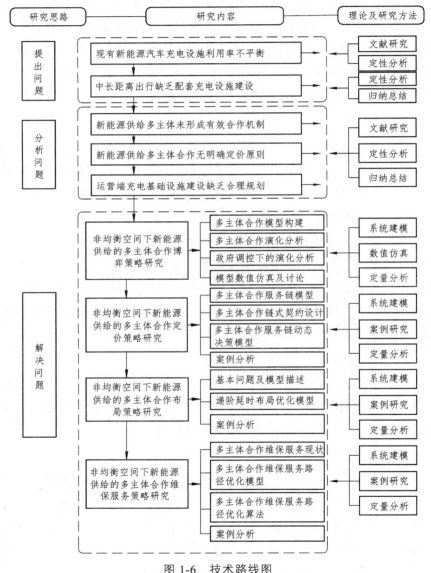

图 1-6 技术路线图

1.4 研究贡献与局限性

本书从宏观视角入手，研究非均衡空间分布下的新能源供给的多主体合作博弈策略与多主体合作定价策略；从微观实践层面出发，研究多主体合作策略影响下的非均衡空间分布下的新能源供给多主体合作的设施布局、维保服务策略，以期为指导新能源供给的多主体合作提供参考借鉴。主要贡献有以下三点。

1）构建新能源供给的多主体合作网络

研究由供给端不同电力供应商、运营端不同充电桩运营商及消费端众多新能源用户组成的新能源供给的多主体合作网络，分析以电力供应商和充电桩运营商为主的企业层面新能源供给多主体合作网络的分层拓扑结构及行为特征，建立考虑非均衡空间分布的非完全市场寡头竞争态势均质价格下多主体合作演化博弈模型，讨论不同情形下的新能源供给的多主体合作行为演化机制及演化稳定策略，提出激励电力供应商间长期可持续合作的有效措施。

2）建立新能源供给的多主体合作服务链

从供应链角度，以"服务链"理论为依据，分析供给端不同电力供应商、运营端不同充电桩运营商及消费端众多新能源用户之间由需求信息传递时延导致三者构成的新能源供给多主体合作服务链上下游信息不对称、实际建设与终端消费需求难以协调一致的状况，构建多级新能源供给多主体合作服务链，以新能源汽车的新能源供给需求量作为模糊变量，建立基于需求量随时间变动的新能源供给多主体合作服务链模糊需求模型及利润模型，设计新能源供给合作服务链契约以消除由需求信息传递时延导致三者构成的多级服务链上下游信息不对称以增强其持续协调性；在服务链协调的基础上，建立多级新能源供给多主体合作服务链中各主体间的分散式和集中式动态决策模型，研究不同决策模式在新能源供给不同需求阶段对动态定价策略的影响，制定有利于促进新能源需求增长的动态定价策略。

3）从非均衡空间分布特点出发分析新能源供给的多主体合作优化策略

从微观层面出发，研究在续航里程约束下的新能源供给多主体合作的充电基础设施递阶延时布局策略，分析递阶延时布局的具体特征；以消费端终端消费者实际出行需求变化为依据，构建续航能力约束下的递阶延时布局优化模型，在优化、合理配置资源的基础上进行运营端充电基础设施布局；针对新能源供给多主体合作的充电基础设施呈现出的低覆盖度、布局疏密非均衡性空间分布，充电基础设施在技术上的性能退化规律尚不明确等特征，提出各充电桩运营商合作建立专业维保团队定期对不同运营商的充电基础设施进行联合检修、维护；通过设置充电基础设施虚拟维保服务点建立合作维保服务最短路径优化模型，以使维保服务团队单次服务的总路程最短。

综上，本书在研究视角上，宏观与微观相结合，既从宏观视角研究多主体合作博弈与合作定价策略，又从微观视角研究合作演化与合作定价策略影响下的设施布局与维保服务策略；在研究内容上，将新能源供给多主体作为利益相关的整体进行研究，以整体利益最大化为原则，符合新形势下新能源汽车产业发展要求；在研究方法上，运用基于复杂网络、演化博弈、Stackelberg博弈、供应链等理论开展新能源供给的多主体合作研究，根据研究需要，构建由电力供应商、各充电设施运营商、新能源汽车用户组成的新能源供给多主体合作网络或新能源供给多主体合作服务链。

本书是在新能源供给涉及的多主体有限理性假设下开展的合作策略研究，而在实际的新能源供给多主体合作中，受个体逐利行为的影响，各主体并不一定能完全按照理性思维开展相关活动，特别是私营性质的充电桩运营商为了自身利益最大化而在某些时刻不惜突破合作机制单独进行营利活动，对于这部分行为暂时没有纳入新能源供给多主体合作服务链中进行研究。此外，本书中均假定是在充电桩运营商建立的公共充电设施中进行能源补给，而在现实中还存在新能源汽车用户自有充电桩或者在单位办公场所进行充电的情况，虽然充电总量不占据优势，但会对整个新能源供给系统的需求总量产生影响。再者，在本研究中未考虑峰谷分时电价收费情况对充电设施收益的影响，终端用户数量达到某一个阈值时，将对服务链整体收益产生影响。另外，针对特定区域内的充电设施合作布局规划可能会与其他相邻区域的建设布局存在不协调性，也会降低资源配置效率。以上是本书的局限性所在，这将成为笔者以后的重点研究内容。

1.5 本书章节安排

本书针对新能源供给存在的需求、设施分布等非均衡空间分布的特点，拟构建由供给端不同电力供应商、运营端不同充电桩运营商及消费端众多新能源用户组成的新能源供给多主体合作网络，分析以电力供应商和充电桩运营商为主的微观企业层面新能源供给多主体合作网络的分层拓扑结构及行为特征，讨论不同情形下的合作行为机制及演化稳定策略，提出激励电力供应商间长期可持续合作的有效措施；从供应链角度出发，以"服务链"为理论依据，构建由供给端不同电力供应商、运营端不同充电桩运营商及消费端众多新能源用户组成的多级新能源供给多主体合作服务链，以新能源汽车的能源需求量作为模糊变量，建立基于需求量随时间变动的新能源供给多主体合作服务链模糊需求模型及利润模型，设计新能源供给多主体合作服务链契约消除由需求信息传递时延导致三者构成的多级服务链上下游信息不对称以增强其持续协调性；在服务链协调的基础上，建立多级新能源供给多主体合作服务链中各主体间的分散式和集中式动态决策模型，研究不同决策模式在对新能源不同需求阶段动态定价策略的影响，制定有利于促进新能源需求增长的动态定价策略。从行为层面出发，构建非均衡空间需求下新能源供给多主体合作的运营端充电基础设施网络递阶延时布局模型，提出分阶段建设充电设施的建设策略，在优化、合理配置资源的基础上促进新能源汽车产业发展；在此基础上，对于非均衡空间分布的充电基础设施制定基于新能源供给多主体合作的联合维保服务策略，以期为此类性能退化规律尚不明确的新兴运营网络正常运营、新能源持续有效供给提供必要条件。基于本书的总体研究思路及技术路线，全文将划分为 8 章，各章节安排和主要内容如下。

第 1 章绪论。本章主要介绍研究背景、研究意义，并对相关概念及所研究的问题进行详细叙述，同时介绍本研究的主要研究内容及研究方法，陈述研究的总体思路和技术路线，理顺全文的逻辑结构和内容框架，并提炼本书的主要研究贡献及局限性。

第 2 章相关研究工作的回顾与文献评述。本章通过 CNKI、Web of Science、Springer Link、Elsevier 等数据库对国内外已有相关研究文献进行广泛查阅、收集、整理、分类，掌握新能源供给时空特征、新能源供给的多主体合作、新能源供给的多主体合作定价、新能源供给的多主体合作设施布局优化策略、新能源供给的多主体合作维保服务的相关研究动态及其发展趋势，并进行研究评述，形成本书所选研究主题的科学认识，确定本书的研究内容。

第 3 章非均衡空间下新能源供给的多主体合作理论基础。本章首先对非均衡空间及其相对性、可比性、适度性三个特征进行描述；其次对复杂网络的理论基础及其多主体合作的复杂关系特征进行分析；再次对博弈论基本理论及其分类进行介绍，重点对演化博弈、Stackelberg 博弈的理论基础及其多主体合作的博弈特征行为进行分析；最后对合作定价理论基础及其多主体合作的定价特征进行比较分析，为后文的研究奠定理论基础。

第 4 章非均衡空间下新能源供给的多主体合作博弈策略研究。本章首先构建供给端不同电力供应商、运营端不同充电桩运营商及消费端新能源汽车用户组成的新能源供给多主体合作网络，分析以电力供应商和充电桩运营商为主的微观企业层面新能源供给多主体合作网络的分层拓扑结构及行为特征，构建考虑非均衡空间下非完全市场寡头竞争态势均质价格下多主体合作演化博弈模型；讨论不同情形下的合作行为机制及演化稳定策略，提出激励不同电力供应商间长期可持续合作的有效措施，促使其向预定目标演化；进一步，考虑该行业在政府调控下电力供应商和充电桩运营商间的合作行为及演化机制，探讨以充电桩为代表的新能源供给基础设施建设初期政府应给予的补贴阈值，从而逐步提升能源供给环节的盈利能力，提升以充电桩为代表的新能源供给网络均衡运行效率，促进新能源汽车产业可持续发展。

第 5 章非均衡空间下新能源供给的多主体合作定价策略研究。本章从供应链角度出发，以"服务链"理论为依据，针对供给端不同电力供应商、运营端不同充电桩运营商及消费端终端用户的多主体之间由需求信息传递时延导致三者构成的新能源供给多主体合作服务链上下游信息不对称、实际建设与终端消费需求难以协调一致的状况，构建多级新能源供给多主体合作服务链，以新能源汽车的新能源供给需求量作为模糊变量，建立基于需求量随时间变动的新能源供给多主体合作服务链模糊需求模型及利润模型，设计新能源供给多主体合作服务链契约以消除由需求信息传递时延导致三者构成的多级服务链上下游信息不对称以增强其持续协调性；在服务链协调的基础上，基于经典 Stackelberg 博弈模型建立多级新能源供给多主体合作服务链中各主体间的分散式和集中式动态决策模型，依据新能源终端用户付费结构，分别确定不同决策模式下新能源供给多主体合作的两部制动态定价，研究不同决策模式在新能源供给不同需求阶段对动态定价策略的影响，结合服务链实际运行情况进行案例研究，制定有利于促进新能源需求增长的新能源供给多主体合作定价策略。

第 6 章非均衡空间下新能源供给的多主体合作布局策略研究。本章在考虑新能源汽车的实际续航能力约束的基础上，针对市区外高速公路中长距离出行，综合考虑充电设施布局的覆盖度和完备度，从而构建了多主体合作的充电设施多周期递阶延时规划布局模型；通过区域高速公路路网建立一个具有 268 个节点和 448 条无向弧（896 条有向弧）的虚拟网络模型，结合实际交通流数据对不同续航里程下的布局结果进行检验。结果显示，续航里程变化会引起 5 个规划阶段内递阶建立充电站数量和位置发生变化，在不同的资金成本下投资支出节约程度不同，验证了模型的合理性和有效性。

第 7 章非均衡空间下新能源供给的多主体合作维保服务策略研究。本章基于运营端充电设施呈现的非均衡空间分布状态，结合目前运营中由充电设施固有性能退化属性导致的局部冗长排队与"死桩"并存的利用率极度不平衡等现象，为满足新能源汽车用户的充电需求，在充电设施技术上的性能退化规律不明确的情况下，提出不同的充电桩运营商合作组建专业维保服务团队对区域内所辖的所有充电设施开展多主体合作维保服务；在建立充电设施多主体合作维保服务路径模型的基础上，根据 DBSCAN 聚类算法，将重庆市主城八区截至 2018 年 9 月已建成运营的充电设施聚类为 194 个虚拟维保服务点，依据各虚拟维保服务点的地理位置数据，基于多主体合作维保服务单次服务最短路程策略，构建 194 × 194 的车行距离矩阵，并采用三种算法对最短路径模型进行求解，结果显示遗传禁忌搜索算法的路径最优；通过制定多主体合作维保服务策略，可逐步认识充电设施性能退化规律，从而不断优化维保服务周期和定点维保方案。

第 8 章结论与展望。基于各章节研究内容和分析结果，本章提炼全书的主要研究工作及结论，并提出下一步可能的研究方向。

1.6 本章小结

本章作为全书的第一部分，主要介绍研究背景、研究意义，并对相关概念及所研究的问题进行详细叙述，同时介绍本研究的主要内容及研究方法，陈述研究的总体思路和技术路线，理顺全文的逻辑结构和内容框架，并提炼本书的主要研究贡献及局限性。

第 2 章

相关研究工作的回顾与文献评述

2.1　引　言

全球性能源危机及环境问题日趋严峻，正在推动人们在交通出行领域广泛关注出行绿色化、低碳化，而新能源汽车技术的逐渐成熟也促使新能源汽车的普及、渗透率增长。我国以此为契机，出台了一系列政策，大力推动以电动汽车为代表的新能源汽车的进一步推广。近年来，新能源汽车产业在国内飞速发展，但与之相配套的新能源供给发展滞后，相较于成熟运营系统，仍处于发展初期。在此背景下，国内外学者围绕新能源供给的时空特征、多主体合作机制、多主体合作定价、多主体合作优化策略及相关问题等展开了大量研究。

本章梳理了与新能源供给的时空特征相关的研究，重点突出其在空间分布上的非均衡性；厘清围绕新能源供给的多主体合作机制、策略及行为等的研究层次，构建新能源供给多主体合作网络，并据此开展新能源供给多主体合作，保证能源供给的持续稳定；深入挖掘新能源供给的多主体合作定价原则、定价机制及定价策略相关的研究，为新能源供给的多主体合作动态定价奠定基础；研究促进新能源供给的多主体合作优化策略，特别是针对电力供给、充电基础设施布局优化及现有设施的维保服务策略等进行概括、分析，充分发挥新能源供给多主体合作的有利因素、积极影响。

2.2　新能源供给的时空特征

2.2.1　新能源供给的时间特征

区别于一般商品，以电力为代表的新能源具有即时生产、按需供给和使用、不可存储等特性[35]。针对能源供给时间维度呈现出的动态变化特征，国内学者开展了相关研究。金力等[36]提出，考虑特性分布的储能电站接入的电网多时间尺度"源—储—荷"协调调度策略，通过对综合储能电站、负荷侧各类需求响应资源的多时间尺度特性制订日前调度计划，并运用日内滚动与实时修正相结合的方法实现对预测数据更高精度的保证，以提高区域电网新能源消纳率，使电力系统运行成本最小，提高电力系统供电的可靠性；何海等[37]提出一种基于样本熵的新能源电力系统净负荷分时段调度策略；胡兵轩等[38]通过建立分布式电源、柔性负荷和储能装置预测模型来控制设计日前—日间—实时反馈优化调度模型，以降低能源供给不确定性对调度建模的影响；王蓓蓓等[39]针对新能源并网给电力系统安全稳定运行造成的影响，构建了机组出力和备用容量联合优化的两阶段发电调度随机规划模型，从灵活性资源供应的紧缺程度和灵活性资源需求的旺盛程度两个方面剖析灵活性资源的供需匹配能源供给系统的影响。电力供应部门也尝试实行实时电价，已达到削峰填谷、错峰用电[40]，使电力系统更稳定、高效。

在新能源供给过程中，为了减轻新能源汽车对电力市场正常运行的影响，尹琦琳等[41]提出综合考虑"源—网—荷—储"的日前市场与实时市场联动交易模型，鼓励新能源汽车用户灵活错峰用电；王峰[42]、何仁等[43]针对居民区电动汽车充电需求，设计了错峰用电的充电运营模式。

在电力能源供给系统研究中，通常基于供给侧资源和需求侧负荷进行资源调控及模型构建优化，以实现电力系统安全和经济效益[44-45]。实际的能源供给系统规划需要整合需求侧和供给侧管理，其中，武中[46]、方舟等[47]提出根据电动汽车推广、使用情况合理规划充电桩数量，并分阶段完成建设，确保满足新能源汽车用户充电需求和资源利用效率。

2.2.2　新能源供给的空间特征

在实际的新能源供给运行中，其空间分布与充电基础设施建设密切相关。以典型的充电桩为代表，截至 2019 年 6 月，我国充电桩保有量已超过 100 万台[48]，但从保有量分布的省份来看，北京市排名第一，保有量达 51 774 个；上海、江苏、广东次之，公共充电桩数量分别为

49 581 个、47 330 个、46 753 个，到此为第二阶梯，充电桩保有量在 4
万个以上。总体来讲，公共充电桩的布局在东部沿海地区、中部地区
较为完善，充电桩数量较多，此外，四川、重庆、陕西等地也有较完
善的规划、建设。截至 2019 年 6 月，全国公共充电桩保有量前十省市
如图 2-1 所示。已有充电基础设施建设呈现出空间上的严重不平衡，即
空间非均衡。

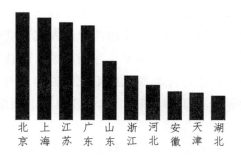

图 2-1 公共充电桩保有量前十省市（截至 2019 年 6 月）

从新能源供给量来看，地区集中度高，空间差异仍然较大。2019 年
6 月，充电基础设施全国充电总电量约 4.06 亿 kW·h，主要集中在广东、
江苏、陕西、四川、山东、福建、湖北、浙江、北京、上海、湖南、河
南、山西、安徽等省份，其他省份或地区充电量较少。

建设区域较为集中，其中，北京、上海、江苏、广东、山东、浙
江、河北、安徽、天津、湖北 10 个地区建设的公共充电基础设施占比
达 75.3%。

充电基础设施在各省份之间呈现出空间非均衡，在区域内部仍然存
在空间非均衡的现象。

在充电桩保有量最多的北京，2015 年 7 月公布的数据显示[49]，累计
建成 1 500 余个社会公用充电桩，当时已投入使用 1 000 多个，其中 50%
以上分布在四环路以内，60% 以上布局在五环路以内。北京仍然呈现中
心城区与郊区在充电桩空间分布上的非均衡。

上海市充电桩建设情况如图 2-2 所示（截至 2017 年 12 月底），各区
中保有量最多的浦东新区几乎是排名第二的闵行区的 2 倍，甚至超过了

崇明区的 10 倍，空间分布差异巨大，非均衡性明显。

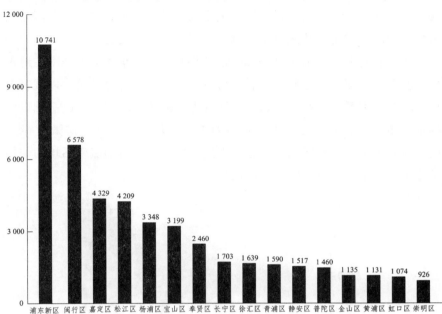

图 2-2 上海市充电桩分布图

深圳市充电设施数量在各区域的发展仍呈现出非均衡。若按照以往关内关外的行政区域划分，关内南山、福田、罗湖、盐田四区充电桩占比 60.97%；而关外宝安、龙华、龙岗、坪山四区占比仅为 39.03%；关内四区的充电桩建设明显优于关外四区。若按照东西部位置区域划分，西部四区（宝安、龙华、南山、福田）占比 71.10%；东部四区（龙岗、坪山、罗湖、盐田）占比仅为 28.90%；西部地区的充电桩建设明显要比东部地区更加完善。

重庆市的充电桩发展状况亦呈现出较大的空间分布非均衡性。主城区内充电桩与大型的充电站大多分布在近几年快速发展的北部区域，传统的商业区、住宅楼、购物广场配套较少，颇有"车行千里，一桩难求"的情形。而远离中心城区的郊县新能源充电桩非常少。

　　充电站的建设分布情况也类似于充电桩，空间分布差异大。截至 2019 年 4 月，图 2-3 所示是全国充电站数量前十省市，广东是全国充电站数量最多的省份，其充电站数量是排名第十的湖北的近 4 倍。

　　从已有研究文献来看，Crozier 等[50]研究电动汽车和电力需求在地理位置的差异，即空间异质性或非均衡空间下的智能充电策略，以减轻电动汽车对电力系统的影响；Poch 等[51]认为目前的电动汽车充电基础设施数量严重不足，并且分布上存在空间上的非均衡等特征；谌微微等[52]提出针对重庆市主城区充电设施呈现的区域范围内布局疏密不均的非均衡分布状态下充电设施联合检修策略。

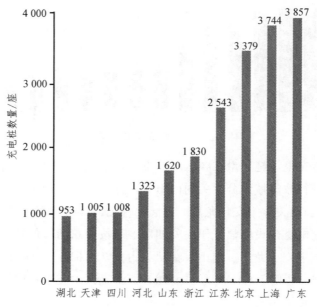

图 2-3　全国充电站数量前十省市（截至 2019 年 4 月）

　　学者们在研究对象的选取上也存在非均衡性。贾斯佳等[53]、卞芸芸等[54]、王欣[55]、胡超等[56]分别对南京西河新城、广州、大连、上海的充电设施布局策略进行研究，研究对象均为中心城区和商业区，而对于人口密度或新能源汽车分布较少的区域很少涉及。在这些研究中学者们已经认识到新能源供给设施存在空间非均衡的特点，但是并未进一步提炼并开展相关研究。

2.3 新能源供给的多主体合作研究综述

2.3.1 新能源供给的多主体合作机制研究

在全球经济发展的宏观背景下，发展新能源已经成为全球各国的共识，为了能够更好地实现新能源供给，地区间、国家间、组织间、企业间、个人与企业等多主体都以不同的合作机制开展着新能源供给合作。

Feng 等[57]对"一带一路"倡议涉及的各地区及国家间的电力消耗、电力计划等进行资源与需求分析，提出我国与东盟国家的电力合作机制。刘文革等[58]通过分析金砖国家间的能源生产和消耗情况，结合新能源合作的经济效益，提出金砖国家间应该加强能源需求管理，并建立实质性能源合作机制，制定适用性能源合作策略，以广泛开展能源合作。Xin-gang 等[59]以国际能源危机及绿色能源需求为背景，运用 SWOT 分析工具对中国新能源国际合作的内外部环境进行研究，并通过矩阵组合分析提出四种新能源国际合作机制。Lv 等[60]以当前通信基站的能源消耗问题为出发点，提出通过建立新能源与多基站间的能源合作机制来降低电网能源消耗。Srinivasan 等[61]针对电力行业放松管制情况下市场中购电者基于自身利益最大化的行为特点，分析新背景下购电者个体与供电企业的合作机制。Mateus 等[62]基于买方视角构建了双边能源合作谈判模型，为能源合作决策提供了有力的支撑。Srinivasan 等[63]在竞争性电力市场中，通过建立一个电力需求方使用的演化算法对各种购买合作结果进行测算，以帮助决策者制定正确的电力购买合作机制，以降低电力使用成本。

除了对合作机制进行研究外，学者们还对如何制定合作机制的决策模式进行了大量探究。在具有模糊需求的供应链中，Wang[64-65]、Govindan[66]、Sang[67]、桑圣举[68]等研究了分散决策、集中决策时供应链上下游合作者的收益共享合同，以使供应链收益最大；而 Chang[69]、Yu[70-71]和 Zhang[72]等则对模糊需求条件下集中决策、分散决策两种决策模式的供应链期望利润进行探讨。

此外，在具体的电动汽车能源供给合作中，Ding 等[73]将电力系统和运输系统作为一个集成运行的整体来考虑，研究电动汽车充电站与电动汽车之间的最佳合作运行机制，通过迭代算法，最终可使系统总成本降低 78.3%。

2.3.2　新能源供给的多主体合作策略研究

1）新能源产业发展的多主体合作策略

新能源汽车产业的发展离不开政府、汽车生产企业、终端消费者以及新能源供应商等多主体的共同作用，围绕这一主题，学者们进行了广泛而深入的研究。

政府在新能源产业推广中发挥了不可替代的作用，可以通过诸如政府资金补贴、政策管制等手段促使其发展。例如，西班牙政府向购买新电动汽车的每个消费者提供相当于购买价格 25%的折扣[74]；中国投入共计 334 亿元人民币用于补贴新能源汽车制造商[75]；美国、英国、日本等国也实施了类似的激励计划。Davis 等[76]提出政府对企业的研发补贴可促进新能源汽车产业的发展；Nie 等[77]从产业投资中政府角色出发，研究了不同产权结构下新能源市场发展状况，建立动态博弈模型并得出必须引入政府管制机制才能有效避免生态进一步恶化；Guan 等[78]引入随机因素，建立新能源汽车市场中政府与消费者间的随机演化博弈模型；庞守林等[79]针对国内新能源汽车产业及销售推广，基于演化博弈和交换期权理论研究，建立不同形式政府补贴对新能源汽车研发投资收益矩阵模型，并对模型进行敏感性分析。在新能源汽车产业发展中，汽车生产企业是重要的研发、生产力量，它的行为策略会受到相关政策的影响。高倩等[80]对政府补贴与新能源汽车企业生产策略建立演化博弈模型，并用仿真展示各参数不同取值对演化结果的影响；孙红霞等[81]建立政府与汽车生产企业间的演化博弈模型，重点讨论后补贴时代政府行为中的补贴退坡、检查频率、骗补处罚力度等因素对汽车生产企业选择生产新能源汽车的影响；在此基础上，赵昕等[82]分别建立政府与传统产业、新能源产业间的博弈模型，探索政府与产业间的竞合关系。新能源汽车的终端消费者消费需求是其产业发展的最终落脚点，政府及能源供应参与方的行为都是其进行消费决策的考虑因素。曹国华等[83]构建消费者与政府间的演化博弈模型，分析消费者新能源汽车购买行为与政府补贴激励策略间的互动机制；Tushar[84]、Chai[85]等构造了电力供应商与消费者的演化博弈模型，探寻使博弈收敛的平衡点；Liu 等[86]建立了基于演化博弈的政府、新能源产品制造商、消费者的战略选择模型，并对其关系变化进行分析；刘娟娟等[87]针对新能源供给产业链中充电运营商与土地业主等中间商服务合作引入分享经济理念，构建充电设施运营商与中间服务商合作的博弈模型，考虑到双方的努力程度，研究其收益分享；Han 等[88]通过设计基于补贴分享的销售回扣/罚金合同，推导出以现实条件为协调基础的合同参数，研究由风险中性制造商和风险规避零售商组成的两级新能源汽车供应链的协调与可持续性问题。上述研究均为我国新能源汽车产业的发展提供了富有前瞻性的建议和指导，在研究的方法论上多基于演化博弈理论，考虑政府补贴情况下不同参与主体的行为，构建政府与新能源汽车产业中不同主体如中间生产商、终端消费者间的合作演化博弈，其关注与探讨的重点集中在价格补贴对新能源汽车产业生产和消费的促进作用。这些价格补贴等政府扶持和引导手段中，其发挥效用最有力的阶段多集中在新能源汽车产业的发展初期[89]。

2）新能源稳定可持续供给的多主体合作策略

新能源汽车产业的发展离不开其能源的稳定可持续供给，围绕这一主题，学者们进行了大量研究工作。Wang 等[90]认为，新能源基础设施的建设及完备性是其稳定可持续供给的首要条件。在新能源供给基础设施建设方面，Sikes 等[91]认为，税收减免、税收返还等财政激励政策能够有效地刺激充电站扩张，从而增加新能源汽车的市场份额；Lee 等[92]指出，配套基础设施的完善对新能源汽车市场推广的效果更为明显；Sierzchula 等[93]利用全球 30 个国家新能源汽车产业发展状况的统计数据进行了实证检验，证实了充电基础设施建设是促进新能源汽车销量增长的关键变量。此外，不同运营模式的充电设施建设速度及运营成本差异较大[94]，对新能源汽车产业的促进效果不同。而关于以充电桩为代表的充电基础设施的布局完备性，张勇等[95]、赵明宇等[96]针对不同约束条件提出相应充电桩布局策略。

除了充电设施的布局完备性，新能源稳定可持续供给也是决定新能源汽车产业领域蓬勃成长的关键因素，也是消费者消除"里程焦虑"的最重要条件。在电力系统的持续稳定供给方面，Simshauser[97]针对澳大利亚电力需求水平不断上升的情况，提出由政府和发电商进行交易取代零售商与发电商之间提供市场交易，从长远来看可能会打破原有的能源供给市场稳定；曾鸣等[98-99]研究了新能源电力系统持续稳定供给的关键技术，构建了该技术支撑下的稳定运行模式。技术支持也是能源稳定可持续供给的重要条件。Kolloch 等[100]认为，充电基础设施的技术创新及技术支持也是影响新能源供给的重要因素之一。

2.3.3　新能源供给的多主体合作行为研究

新能源供给环节不同电力供应商、不同充电桩运营商及众多终端用户等多主体之间由需求信息传递时延导致能源供给基础设施建设与终端消费缺乏有效合作行为，需求难以协调一致。而通过查找国内外相关研究文献，专门针对新能源供给中多主体的具体合作行为的研究鲜有可见，若从供应链的角度出发，将电力供应商、充电桩运营商及终端用户构建为具有上下游关系的新能源供给多主体合作服务链[101]，通过服务链的多主体合作行为解决上下游的协调问题，此类问题则与已有的制造、生鲜、物流等类别供应链有相似之处。早期的代表性研究有：Reybiers 等[102-103]研究了两级供应链中如何通过契约设计建立质量控制契约模型，约束双方行为以达到控制的目的；Cachon 等[104-106]通过设计供应链契约约束供应商与制造商之间行为以解决信息不对称的问题，最终通过整个供应链协调一致实现供应链上下游合作。契约理论为解决供应链中合作行为约束问题提供了较好的理论基础[107-108]，但随着市场需求的不确定性问题的出现，如何分析不确定的市场需求并进行契约设计、合作行为约束，成为各类供应链上下游合作研究中的重要课题[109-110]。

通过新能源供给的多主体合作行为促进新能源供给合作服务链上下游的协调，是实现新能源服务链利益最大化的必要条件，此类问题类似于其他类型的供应链协调问题。特别是当需求信息传递时延导致供应链不协调时，较多学者将其中的不确定需求进行模糊化处理，实现以供应链协调为目的的约束上下游各方的合作行为。

在制造类供应链中，Rong[111]、Soni[112]以及 Mahata[113]等研究了具有模糊随机需求的 EOQ 库存模型，根据下游顾客的需求不确定性及时调整中间商的订货行为，合理安排存货，以减小库存成本，实现供应链利益最大化；Sadeghi[114-116]和 Tong[117]等建立了模糊需求约束下的供应商库存管理模型，通过供应商和零售商进行有效合作实现资源的合理配置；林晶等[118]设计出模糊需求下两级供应链的成本分摊和质量控制契约，约束供应链中利益相关方的合作行为，以达到最低成本下质量最优的目的；Cachon 等[119]设计出模糊需求下两级供应链的收益共享契约，契约中明确各方的行为准则，可促进供应链的协调可持续发展。

在易腐品供应链中，Chakraborty 等[120]研究在随机模糊需求环境下库存依赖条件中供应商和零售商的多项目集成生产库存模型，包括以供应链中零售商订购成本、采购成本、销售价格、持有成本以及供应商生产成本、运输成本、安装成本等作为模型参数，通过对双方合作行为模型的优化，使供应链成本最低；Jana 等[121]研究了随机模糊需求约束下对库存行为进行优化，最终达到利润最大化的目的；Xu[122-123]、张莉[124]等利用三角模糊数构建了零售商决策模型，以最优化思想指导销售商、零售商间的多主体合作行为，以此为基础进行销售合作。

在应急物资供应链中，Alsalloum[125]、Araz[126]和 Xing[127]等针对应急响应早期阶段模糊需求特性建立了多目标配送模型，为应急救援物资的联合配送行为提供了重要准则；郭子雪等[128]基于更为准确地为应急救援合作提供物资保障，建立了三角模糊信息环境下应急物资动态库存模型，提出了需求量为三角模糊数时模型的确定化转化方法；王海军等[129]基于应急救援中的需求不确定性和交通网络及流量不稳定性，建立了模糊需求下应急物资需求分配与网络配流模型，实现最小总配送时间下的最优需求分配、路径和网络流，为救援工作中相关方的有序合作提供了有益参考；此外，Zheng[130]、Ruan[131]、Tang[132]等研究了铁路应急救援中模糊需求下的多主体参与的资源调度决策模型，此类调度决策指导下的多主体合作行为有利于资源的合理配置。

在物流配送领域，李阳[133]等基于通过预优化和重调度两个阶段处理客户点模糊需求及联合配送调度策略，为配送活动规划最优车辆路径，有效减少了配送合作各方的资源消耗，提高了配送效率和经济效益；Zarandi 等[134]设定多仓库间的配送时间为模糊变量，在考虑配送成本、车辆有限装载及多个客户的需求情况下，建立配送模型以满足每个客户的配送时间要求；Mehrjerdi[135]、Ghaffari-Nasab[136]、Nadizadeh[137]、Fazayeli[138]等通过设置物流配送中的相关模糊变量，建立带约束条件的目标函数及数学模型，并对模型进行求解，验证其有效性，对多方参与的物流配送合作顺利开展并实现预定目标具有重要作用。

以上研究主要针对存在模糊需求等模糊变量的情况，在多主体参与的工作中，建立带约束条件的数学优化模型，通过模型求解结果对多主体的行为进行约束，以达到可持续合作的目的。

2.4　新能源供给的多主体合作定价研究综述

2.4.1　新能源供给的多主体合作定价原则研究

结合全球的新能源产业发展趋势，能源价格对新能源供给协调存在影响。在定性研究方面，许小平[139]、付岩岩[140]等深入分析我国新能源价格策略存在的问题，提出应制定促进我国新能源产业发展的价格对策；特别是在新能源产业发展初期，政府的政策扶持[141-143]及财政补　贴[144-146]对新能源消费的刺激效应显著；随着该领域研究的深入，学者们也意识到过度的政府补贴会导致相关企业效率低下[147]，其发展程度主要依赖于新能源与传统能源的价格传导作用[148-150]以及新能源市场自身的调节能力[151];进一步,郑新业[152]针对我国能源价格形成机制,提出应该全面推进能源价格市场化。这些研究对于认识宏观政策及措施对新能源需求和定价的影响具有重要作用,亦为新能源定价策略提供了思路。在定量研究方面,Woo 等[153]发现零售电力需求是高度价格弹性的,其定价机制直接影响能源需求;Peng[154]构建新能源汽车价格制定原则及最优定价模型,以促进新能源汽车销售增长;刘健等[155]基于新能源供应企业的发电成本特征提出以需求量为基础的新能源动态定价原则。这些研究为发展中的新能源产业相关环节如新能源汽车、新能源供给等制定价格策略提供了有益的指导。以充电模式为主导的新能源供给服务主要涉及电力供应商、充电桩运营商及终端用户三级主体,终端用户的新能源需求量是利润的最终来源。以往新能源供给领域的有关研究中,通常以单个主体为中心的视角为切入点进行研究,如谢宇翔等[156]从电力供应商出发研究新能源大规模接入后对电力系统的影响;Yildiz 等[157]则以充电桩运营商为利润主体进行充电站选址优化;温剑锋等[158]基于终端用户的行驶规律分析其能源供给需求,以单个主体为中心的视角不能与将新能源供应环节作为一个整体,很难保证其整体协调性。

2.4.2 新能源供给的多主体合作定价机制研究

1)新能源汽车的多主体合作定价机制

新能源汽车产业的发展壮大与消费者的购买决策密切相关,而新能源汽车的定价会直接影响众多消费者的购买决策,因此,学者们从多个角度对新能源汽车的最优定价机制展开了广泛研究。

Breetz 等[159]分析了 2011—2015 年美国 14 个城市传统、混合动力和电动汽车的 5 年总拥有成本,得出电动汽车购买需要考虑补贴进行定价才能得到快速发展;Gong 等[160]比较了新能源汽车供应链中的集中决策和分散决策下的定价博弈模型,并设计收益共享契约,消除双重边际效应;李思凝等[161]讨论了由上游技术服务商和下游新能源制造商合作创新构成的两级供应链中不同竞争模式对产品定价、产品利润的影响；黄辉等[162]研究了政府补贴下的新能源汽车双向双渠道闭环供应链中新能源汽车零售价格和批发价格定价问题；在双积分制政策下，唐金环等[163]结合消费者偏好运用Stackelberg博弈理论探讨独立与合作决策模式下制造商、零售商的最优生产与定价机制；李志学等[164]针对目前我国新能源产业中存在的产品定价缺陷、补贴资金缺口等问题，提出完善我国价格补贴政策的对策建议。

2）新能源供给的多主体合作定价机制

一般地，电价政策可以分为静态和动态两大类。静态价格不随需求变化而变化，而动态价格随需求情况变化而变化。在供给侧结构性改革背景下，吴义强[165]提出合理发挥行政干预在能源定价中的作用，建立复合式能源定价机制。

在零售电力市场中，通常提供统一定价或整体定价，价格与需求无关，保持不变。Simshauser 等[166]调查发现，消费者和政策制定者更倾向使用"统一费率"就行定价和收费。然而，不同国家或地区根据自身实际情况有着不同的定价政策。Faruqui 等[167]通过对美国三大洲近10 年的 74 个动态定价实验数据进行分析，发现广泛采用动态定价和使用时间定价有利于提高消费者需求响应，且高峰需求的减少量随高峰价格与非高峰价格之比的增加而增加，但以降低的速度增加；Quillinan[168]针对不断增长的能源需求状况，提出应当采用动态定价的方式设置电力需求中出现的峰谷电力单价；Wang 等[169]研究了几种基于智能电网的定价程序，发现电力定价支持技术和更大的价格差异可带来更好的需求响应；Hu 等[170]通过为电动汽车设计适当的充电定价机制来引导其充电行为，以利用帮助填补负荷谷，有效减轻电网供给压力，增加社会福利；Dong 等[171]根据预测快速充电站的充电需求确定配电网电力供应定价方案，从而调整电动汽车充电负荷的空间分布，以改善电压曲线；Ji 等[172]设计了基于能源供给时段的灵活定价机制，以实现能源供给侧的高效消耗。

在非零售市场中，动态定价的研究中也有不同的定价方法。Kirschen 等[173]认为可以采用通过竞价确定批发市场价格的方法，其中最低投标价由供应商根据其在未来一段时间内供应一定数量的电力的成本来确定。设计任何动态定价方案都需要了解消费者对电力和相关基础设施的支付意愿；Devicienti 等[174]发现应当使用估值法来确定其他服务功能（如能源供给的可靠性）的消费者支付意愿；An 等[175]针对特殊自然保护区环境中消费者使用替代能源的支付意愿进行了研究。

动态定价是零售电力行业研究的新兴领域之一。而中国的电力供给主要由国家电网和南方电网两大国有电力公司提供，属于典型的双寡头非完全竞争市场[176]。除了提供电力供给服务外，它们还承担政府的民生能源供给责任，因此呈现出政策与市场的双重特征。

3）其他领域的多主体合作定价机制

段华薇等[177-178]运用 Stackelberg 博弈模型对随机需求下高铁快递和传统快递的合作定价机制进行了研究；汤海冰等[179]分别求解了竞争模型和合作模型下无线网络中多个主用户的空闲频谱最优定价机制问题；周鑫等[180]运用改进的 Hotelling 模型构建了多个港口企业合作情况下的定价机制及模型，并比较在竞争与合作情况下多个港口企业的市场份额与利润的关系；为了缓解渠道冲突，但斌等[181]建立了双渠道供应链中制造商电子渠道与零售商服务合作的 Stackelberg 和 Bertrand 博弈模型，分析了市场批发价格、渠道服务水平等对零售商选择 Stackelberg 竞争或 Bertrand 竞争偏好的影响；傅建球等[182]提出认识景区价格生物链图谱，厘清各节点的相关关系，通过成立合作定价协调委员会或变革景区合作定价主导权，然后根据长期效益（利润）最大化原则运用合作定价的决策树模型对景区所有的价格项目进行最优化决策。

2.4.3　新能源供给的多主体合作定价策略研究

在供应链定价研究中，章文燕[183]建立适合浙江台州机电企业的多主体分级合作定价模型以实现闭环供应链下机电行业的最优定价策略。在新能源供给领域的研究中，张莉等[184]研究了用电量不确定性情况下电网实时定价策略；杨东伟等[185]针对时段划分单一、优化目标单一、缺乏对各时段电价与电量关系的量化控制等问题，提出了一种基于管家指标控制的多目标电力分时定价策略；王娟[186]通过建立健全新能源行业管理体系、进一步完善新能源产品定价机制以及建立更加有效的价格激励机制来促进我国新能源产业持续健康发展。具体到新能源供给运营环节，谌微微等[22]对于保证新能源持续稳定供给的能源供给定价策略进行了研究。

2.5 新能源供给的多主体合作优化策略研究综述

2.5.1 电力供给的多主体合作优化策略研究

电动汽车的高普及率也将对电网产生负面影响。尽管整个网络中的一小部分电动汽车不太可能挑战当前的电网系统容量；未来，电动汽车在一个地区的大规模普及将需要对发电进行升级，以满足充电需求[187]。此外，增加夜间充电可能会导致电网过载，从而导致供电网络不稳定[188]。Brown 等[189]对欧洲的电力供应系统进行了分析，发现在跨部门、跨国际的一体化供电系统中简化网络、减少节点可以降低系统总成本；Iyer 等[190]提出一种可消除冗余功率转换、实现多辆电动汽车同时充电的极速充电站供电方案；Abdi-Siab 等[191]提出一种基于双层优化的多阶段配电网扩展模型，以保证供电系统在电动汽车高普及率的情况下能实现有效供电；Han 等[192]利用马尔科夫链预测不同停车场、不同时段的电动汽车数量，以此计算充电站的充电负荷，建立了基于电动汽车行驶需求、可划分峰谷时段的有序充电控制模型，并用美国旅游调查网站提供的电动汽车行驶数据仿真试验验证了所提出方法的正确性和有效性。更进一步，一些学者研究了电动汽车充电管理优化，以实现电网的稳定性，使电力系统成本最小化和利润最大化。Soares 等[193]计划使用分布式发电为电动汽车和电网进行能源供给，以最大限度地降低运营成本并最大化电动汽车使用者的利润；Sun 等[194]提出了一个基于时间的充电问题，以充分利用并优化峰谷电力需求；Mehta 等[195]在优化过程中考虑了峰谷电价差异和每日充电成本，在满足用电需求的情况下，实现电力系统成本最小化和利润最大化；Tan 等[196]认为，需要建立基于电动汽车与电力供应网络之间可通信的智能电网，做好电动汽车的充电管理和优化；İbrahim 等[197]认为随着电动汽车数量的不断增加，应该进行适当的充电安排以便在不影响电力系统的情况下为电动汽车用户提供最经济的充电机会，并以土耳其、芬兰和美国三个国家 PJMDA 和储备市场为例验证定价的有效性；Tang 等[198]通过制定高效的电动汽车充电调度方案在满足电动汽车充电需求、保持充电站容量相对平衡的条件下实现电动汽车、充电站和发电厂的利润最大化。

2.5.2　新能源供给的多主体合作设施优化布局研究

新能源供给的多主体合作设施优化布局是近几年学界在新能源汽车领域的研究热点，主要包括以下三个方面的内容。

1）充电设施布局影响因素

Ou 等[199]认为，充电基础设施的数量及合理布局对新能源汽车早期推广至关重要；Andrenacci 等[200-201]认为，充电基础设施的安装、管理以及维护的高额费用可能会限制充电基础设施的数量，最终呈现出充电站基础设施缺乏，进而影响潜在消费者的购买决策，短期内需要通过优化布局来满足新能源汽车用户的充电需求并缓解其"里程焦虑"，因而充电设施布局成为采用电动汽车的一个重要因素[202]；Alhazmi 等[203]构建了一个考虑使用多样性、不同驾驶习惯以及不同出行类型（城市市区，高速公路）的两阶段电动汽车充电站布局模型，以改善电动汽车用户对充电站的可访问性。

2）充电设施布局求解算法

除了以上考虑充电站布局因素的研究，决策算法也是学者们的研究热点之一。Wang[204]运用整数规划法求解短距离休闲电动汽车充电站位置，以寻求最短的充电时间和每个站点的停留时间；You 等[205]设计了混合整数规划模型来求解 OD 距离限制下需要进行中途充电的问题，以最大限度地增加完成往返行程的人数。此外，另一些学者在不同的约束条件下运用遗传算法[206]、混合整数规划[207-208]、粒子群优化[209]、蚁群优化[210]和数据包络分析[211]等算法进行充电站位置决策模型求解。董洁霜等[212]等提出了考虑建站成本、汽车能量损耗、电网损耗等因素的一个混合整数非线性优化方法；高建树等[213]、韩煜东等[214]、邱金鹏等[215]基于启发式智能算法研究充电设施布局选址；刘自发等[216]、于擎等[217]分别采用量子粒子群算法优化算法、权重自适应调整的混沌量子粒子群算法探讨城市充电站布局；付凤杰等[218]考虑历史行驶路线情况下的充电设施布局；Kuby[219]等提出的能源供给站截流选址模型影响广泛；Wang 等[220]、Capar 等[221-222]对截流模型的算法进行了改进；此后，MirHassani等[223]构建了一种网络扩展方法可有效提高模型的计算速度。这些研究均基于短期内基础设施建设的最优布局，但就充电设施布局而言，短时间内建立足够数量的充电设施在资金预算及使用率方面都会受限，因此，Albareda-Sambola 等[224]提出满足短距离多时段的出行需求的多周期服务设施选址模型；Chung 等[225]以韩国境内公路为例对充电站进行多阶段规划布局，未区分出行距离；Malalina[226-227]则主要从满足短距离多时段的出行需求入手，未涉及多时段的具体区位决策。国内学者高自友[228]主要研究局部区域出行需求下充电站选址；董沛武等[229]研究不同续航里程下我国主干高速公路充电站布局策略；韩煜东等[230]构建了考虑快、慢充电设施充电时间差异性和顾客在目的地接受充电时间异质性的排队论模型求解使用方与建设方综合服务费用最小的目标充电设施布局。

3）区域内充电设施选址定容

Guo 等[231]使用环境、经济和社会标准等评估指标体系制定了北京各区中最佳的电动汽车充电站布局；Tu 等[232]设计了一种优化算法，并以中国深圳充电需求为例进行研究充电站布局，以实现电动出租车服务覆盖范围和充电服务水平最大化。另一些学者则重点探讨已建成充电设施网络的合理性，如王文涛等[233]基于复杂网络理论构建电动汽车充电设施网络的模型，分别构建了上海、西安、合肥和大连的电动汽车充电设施网络，并分析了其电动汽车充电设施的运营情况以及布局的合理性；周思宇等[234]依据城市各区域功能差异提出一种计及城市特征差异性的规划方法，建立一个以充电设施经济效益最大化为目标的规划模型，得到充电设施具体优化布局方案。

2.5.3　新能源供给的多主体合作设施维保服务研究

新能源供给多主体合作服务网络作为新兴的运营系统，学界和企业界的相关研究仍处于探索中。除了对新能源供给合作的充电设施运营成本[235]、充电设施关键技术[236]进行研究，对于新能源供给合作设施网络的维保服务对新能源稳定可持续供给、终端消费者的充电便利性的研究具有更重要的意义。因此，王亚楠等[237]认为应当加快充电设施维修点建设和专业维修人员的技能培训；张如耀[238]借助.NET 平台开发设计了一套电动汽车充电站整体监控系统以实现对电动汽车充电站内充电设施的整体监控；范佳等[239]设计了一套充电桩远程无人监控手机短信报警系统，相较于传统人工网络实时监控的方式，可在节约大量人力的情况下实现更为准确的实时监控反馈；徐晓东[240]、艾卫东[241]、杨莎莎[242]对充电桩可能出现的故障进行分析，并提出针对性检查维修方法，为技术人员提供有益参考；更进一步，李晨阳[243]选取北京市内的充电桩进行规划、运营、维护三阶段的全寿命期管理研究。由于充电基础设施运行退化规律等尚不明确，这些针对充电基础设施的维保服务研究仍处于初步探索阶段。相较而言，一些类似的成熟生产运营系统，检修、预防性维护、保养等一系列维保活动通常是定期安排的。如李二霞[244]、卞建鹏[245]、Wang[246]、刘志文[247]等优化了电力设施检修方案，使其维护成本最低；刘增民[248]、吴晨恺[249]等研究了动车组在各项标准限值约束下检修的最佳间隔周期。对于以上性能退化属性较为明确的运营系统，其维保服务方案优化主要从降低成本、调整周期等方面开展研究，而对于充电设施这类性能退化规律尚待明确的新兴运营系统，可以借鉴其他成熟生产运营系统建立有效的合作机制及维保服务策略开展相关研究工作。

2.6　新能源供给相关问题研究评述

综上所述，学者们从新能源供给的时空特征、多主体合作研究、多主体定价研究以及多主体合作优化策略及相关问题开展了大量研究。一方面，这些研究成果为本研究提供了良好的分析范式和理论基础，有助于增加对本研究主题的认识和理解；另一方面，承接前述研究问题，能够在方法、思路及策略上提供有益的借鉴和启示。

首先，对于新能源供给、需求过程中呈现出的"非均衡空间"时空特征，需要充分借鉴"非均衡"在经济学、制造业、能源供给以及其他领域资源分布特点的研究思路和方法，为非均衡空间视角下新能源供给的多主体合作策略研究提供有益参考和借鉴。

其次，关于新能源供给的多主体合作博弈研究，研究方法论上多基于演化博弈理论，通过考虑政府补贴情况下多主体的行为特征，构建政府与新能源汽车产业中多主体（如中间生产商、终端消费者）间的合作演化博弈，其关注和探讨的重点集中在价格补贴对新能源汽车产业生产和消费的促进作用。这些价格补贴等政府扶持和引导手段中，其发挥效用最有力的阶段多集中在新能源汽车产业的发展初期，随着新能源产业的不断发展，政府的引导、补贴将逐渐退出，稳定可持续的能源供给将成为决定新能源汽车产业领域蓬勃成长的关键因素，在我国特殊的电力供应背景下，研究寡头竞争下供给端不同电力供应商间的合作行为及机制，对指导新能源供给的多主体合作实践有重要作用。

再次，针对新能源供给的多主体合作定价研究，已有研究中多涉及多主体合作的定价原则、定价机制及定价策略等方面的研究，研究大多倾向根据需求变化采用动态定价的形式，而需求不确定性是导致新能源供给中协调问题的关键因素，因此，需求不确定性研究成为其研究重点内容之一。参考学者们对其他类别供应链的研究，对不确定需求的研究主要从三方面展开：研究方法上，主要利用模糊数学，建立模糊需求函数，根据可能发生的各种情况进行资源配置；决策模式上，主要考虑分散、集中两种决策模式；研究内容上，多以利润最大化或成本最小化为目标。这些研究对于解决由上下游需求信息时延导致的新能源供给不协调有重要的指导作用，然而，在新能源持续稳定供给的条件下，能源使用成本亦会影响消费者的决策，特别是在需求不断增加、能源供给网络建设分摊到单位新能源的费用降低、能源供应成本下降的情况下，缺乏有效的多主体合作定价机制会影响新能源有效需求的增加。关于新能源多主体合作定价的研究，研究方法上以定性分析为主，辅以定量研究；研究内容上通常以单个主体为中心的视角为切入点开展研究工作。由于新能源供给涉及多个利益主体，且为了有效促进新能源汽车产业发展，有必要将新能源供给环节的不同电力供应商、不同充电桩运营商及众多终端用户作为供应链上的利益合作主体进行行为及决策研究。

最后，关于新能源供给的多主体合作优化策略研究，重点内容包括电力供给优化、充电设施布局优化策略等。对于电力供给优化，主要从峰谷电价或电动汽车充电管理进行研究。从具体的实施层面，关于新能源充电基础设施布局的研究成果较多，主要集中在考虑一定约束条件的布局选址算法设计、容量优化，通过充电设施网络布局建设提高终端用户的充电便利性，但少有同时考虑多主体合作机制下满足一定约束的布局研究。此外，新能源供给多主体合作运营端基础设施属于新兴运营系统，纵观国内外研究成果，针对这方面的单一充电设施故障排除、自动报警等系统仍处于初步探索阶段，而对于区域内成片、多运营商的充电基础设施检修、维护策略的系统研究鲜有可见，这一研究主题是保证新能源供给多主体合作得以实现以及供给多主体合作网络持续稳定运行的必要条件，也是充电设施网络作为运营系统必须要研究的内容，可借鉴成熟运营系统的定期维保等策略，保证充电基础设施有效运行，也可促进充电基础设施技术性能退化规律探索。

2.7　本章小结

　　本章通过 CNKI、Web of Science、Springer Link、Elsevier 等数据库对国内外已有相关研究文献进行广泛查阅、收集、整理、分类，掌握有关新能源供给时空特征、新能源供给的多主体合作、新能源供给的多主体合作定价、新能源供给的多主体合作设施布局优化策略、新能源供给的多主体合作维保服务的相关研究动态及其发展趋势，并进行研究评述，形成本书所选研究主题的科学认识，确定本书的研究内容。

第 3 章

非均衡空间下新能源供给的

多主体合作理论基础

3.1 引 言

在第 2 章对相关研究工作进行回顾的基础上，本书以新能源汽车产业发展为背景，以非均衡空间下新能源供给的多主体合作作为研究目标，探索新能源供给多主体合作的参与方决策行为特征、决策方式变化，并分析促进新能源持续稳定供给多主体合作的设施布局、维保服务策略等方面的影响。因此，本章主要从非均衡空间特征描述、复杂网络基础理论、演化博弈、Stackelberg 博弈及合作定价相关理论等方面对本书的理论基础进行阐述，为后续研究提供理论支撑。

3.2 非均衡空间特征描述

"非均衡"概念最早被运用于经济学分析中，即经济或市场的不均衡状态。随着各领域研究的深入，非均衡思想被运用到基础设施建设[250]、制造业[251]、教育资源配置[252]、旅游资源分布[253]、产业发展[254]、能源供给[52]等众多领域。在本研究中，非均衡是指新能源供给系统内各关联组成部分在功能和结构上的不协调关系，更多地体现为地理空间分布上的静态与动态两个层次的变化差异。

如图 3-1 所示，静态的非均衡指新能源供给合作的基础设施在某一时点上区域之间空间分布的差异，如 2018 年全国新能源供给基础设施分布的非均衡程度属于静态的非均衡。

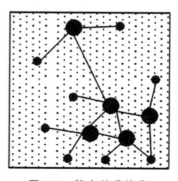

图 3-1 静态的非均衡

动态的非均衡指新能源供给多主体合作的基础设施在时间维度上变化或增减情况，更加强调不同时间段的变化差异状况，如图 3-2 所示。如 2016—2020 年全国新能源供给基础设施分布的非均衡程度的变动趋势属于动态的非均衡。

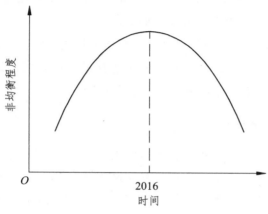

图 3-2 动态的非均衡

基于"非均衡"的概念界定，本书中非均衡空间是指一国（或某区域）空间内新能源供给多主体合作的用户需求、基础设施、功能发挥等方面的不均衡、不协调发展与布局。具体来看，非均衡空间具有以下三个方面的特征。

1）相对性

非均衡空间是相对均衡空间而言的，非均衡程度的大小随新能源供给需求量的变化而变化，非均衡程度的绝对值大小具有相对意义。

2）可比性

非均衡程度在区域空间和时间上是可以相互比较的，具有共同的比较基准，以此判断非均衡程度大小。

3）适度性

考虑到区域内实际新能源供给需求状况、地理环境、经济发展程度和充电基础设施建设水平，区域非均衡空间下的充电设施布局程度存在一个合理的或适度性区间。

3.3　复杂网络

复杂网络（complex network）是由 Watts 和 Strogatz 在 1988 年提出的[255]，指具有自组织、自相似、吸引子、小世界、无标度中部分或全部性质的网络。它掀起了继图论和社会网络分析之后的新一轮研究热潮，是从现实世界中具有许多节点和复杂连接结构的真实网络中抽象出来的、可用于表示现实网络特征的一种研究方法。

3.3.1　复杂网络理论基础

网络存在于人们生活的各个方面，如交通运输网（图 3-3）、互联网、科研合作网（图 3-4）、供电网、社交网、城市网、港口网等[256]。这些网络虽然所处的科学研究领域不同，但是呈现出共有的特征，这些结构复杂的网络统称为复杂网络。对这些复杂网络的特性和处理方法进行研究的理论统称为复杂网络理论。

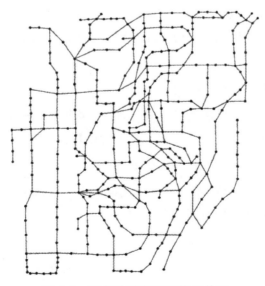

图 3-3　某市轨道交通网络拓扑图

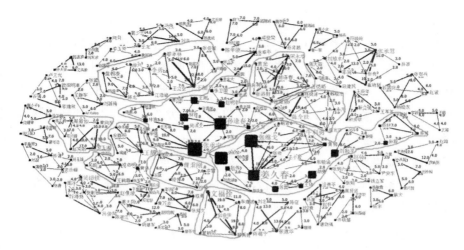

图 3-4 某领域核心作者科研合作网络拓扑图

新能源供给的多主体合作参与方构成了新能源供给多主体合作网络，每一个主体都可以看作构成该网络的节点，可以根据测算每个节点在网络中的参数判定其在新能源供给中所起的作用；新能源供给合作基础设施也可以看作一个充电设施复杂网络，各充电站或充电桩是构成该复杂网络的节点，同样可以通过测算各节点的参数判定其在该网络中所起的作用。

1）复杂网络特性

判定复杂网络特性的参数主要有三种[257]：一是度与度分布，即网络中任意节点的度表示与该节点连接的其他节点的数目；二是网络直径、平均路径长度，即网络中任意两节点间的距离称为连接该两节点的最短路径的边数，其中距离的最大值定义为该网络的直径；三是聚类系数，即网络中呈现出的一个节点有若干条边将它和其他节点连接的现象，亦称网络的聚类特性。聚类系数表示网络中直接相连的站点比例，在一定程度上反映该网络的复杂程度。

2）网络节点重要度指标

判断整个网络中任意一个节点的重要程度的首要因素即该节点在网

络中所处的位置，位置越靠中心的节点，其重要程度越高。在对复杂网络进行分析时，通常用"中心性"来表示节点在网络中所处的位置。进一步，对轨道交通网络中节点重要度评价主要通过分析拓扑图中各节点所处的位置，并刻画其"中心性"的数组对其所处位置进行排序，以此反映出网络节点重要度。"中心性"数据主要分为三类[256]，分别反映网络中节点所起的不同作用。

（1）点度中心性，表征特定节点直接与其他节点有连接关系的节点数量，是刻画节点中心性最直接的度量指标。一个节点的点度中心性越高意味着该节点在网络中越重要。

（2）接近中心性，描述特定节点与其他所有节点的平均最短距离值，反映特定节点与其他节点的接近程度。

（3）中介中心性，以经过特定节点的最短路径数目来反映该节点在整个网络中的重要程度，可以度量节点在网络中对其他节点或资源信息的控制能力。

3.3.2　多主体合作的复杂关系特征

复杂网络理论是一种可以从全局的角度对结构复杂的网络从网络特性、网络中节点的作用等方面进行全面考量的理论体系。在新能源供给多主体合作的研究中有两个层面的复杂网络：一是新能源供给的多主体合作参与方构成了新能源供给的多主体合作网络，每一个主体都可以看作构成该复杂网络中的节点；二是新能源供给中充电基础设施也可以看作一个充电设施复杂网络，各充电站或充电桩是构成该复杂网络的节点。运用复杂网络理论，可以根据测算以上复杂网络每个节点在网络中的参数来判定其在新能源供给多主体合作中所起的作用，为新能源供给合作提供决策参考。

3.4　演化博弈

博弈论又称对策论、赛局理论，是运筹学的一个重要学科，主要用于研究决策主体的行为发生相互作用时，主体做出的决策与决策做出均衡的问题。也就是某个主体做出选择时因为其他的主体选择而被干扰，反过来干扰其他的主体选择的决策空间与均衡问题。其本质是将日常生活中的竞争问题以游戏的形式表现出来，并使用数学和逻辑学的方法来分析事物的运作规律。

博弈一般具有五大要素：

（1）参与主体：博弈中所有的决策主体。

（2）策略：参与主体在整个博弈过程中采取的一套完整可行的行动方案。通常情况下认为，理性参与主体所采取的策略是响应其他参与主体的最优策略。

（3）收益：参与主体在博弈结束后的收益。一般情况下，参与主体采取最优策略所获收益即最大收益。

（4）次序：各博弈方的决策有先后之分，且一个博弈方要做不止一次的决策选择，就出现了次序问题；其他要素相同次序不同，博弈就不同。

（5）均衡：稳定的博弈结果。参与主体都得到了自身最大的收益，参与主体中没有想改变当前策略的意图。

当参与主体根据已知的信息进行策略选择时，不仅要根据自身的利益最大化，还要考虑其他主体做出的决策。同样，这个参与主体的决策也会对其他主体的决策产生影响。博弈论主要研究的是策略问题，参与主体的决策的做出不仅取决于所有参与主体策略的选择，还包括掌握信息的多少。

根据不同的分类基准，一般认为，博弈主要分为合作博弈和非合作博弈，其中非合作博弈又可分为完全信息静态博弈、完全信息动态博弈、不完全信息静态博弈和不完全信息动态博弈四种。此外，按照其他的方式进行分类，如按博弈的逻辑基础不同博弈可以分为传统博弈和演化博弈。具体分类如图 3-5 所示。

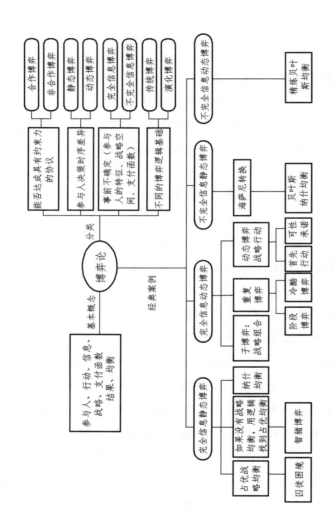

图 3-5　博弈论分类

3.4.1 演化博弈理论基础

演化博弈(evolutionary game theory)与传统博弈论理论相比有区别,它最早源于 Fisher、Hamilton 等遗传生态学家对动物和植物的冲突与合作行为的博弈分析。他们研究发现,动植物演化结果在多数情况下都可以在不依赖任何理性假设的前提下用博弈论方法来解释。但直到 1973 年,Smith、Price(1973)在其发表的创造性论文中首次提出演化稳定策略(evolutionary stable strategy)概念,才标志着演化博弈理论的正式诞生。

演化博弈理论并不要求参与人是完全理性的,也不要求完全信息的条件,即演化博弈不再将人模型化为超级理性的博弈方,而是认为人类通常是通过试错的方法达到博弈均衡的,与生物进化原理具有共性,所选择的均衡是达到均衡的均衡过程的函数,因而历史、制度因素以及均衡过程的某些细节均会对博弈的多重均衡的选择产生影响。在理论应符合现实意义上,该理论在生物学、经济学、金融学和证券学等学科均大有用场。

演化博弈是一种将传统博弈理论与生物学的物种演化思想相结合,以研究对象的“有限理性”为前提,在充分考虑影响参与群体行为的社会、文化、民族、习俗等因素的基础上,把参与群体的决策时间和因素互动纳入模型,使定性和定量分析相结合的研究方法。

3.4.2 多主体合作的演化博弈行为特征

在新能源供给的多主体合作中,主要涉及国家电网有限公司和中国南方电网有限责任公司两大电力供应商,它们是新能源供给端,处于新能源供给多主体合作服务链的上游。两大电力供应商实力悬殊,在新能源供给中的参与概率及参与度均存在差异,电力供应商 1 的态度及行为将直接影响电力供应商 2 的行为导向,从而直接影响整个新能源供给系统。

需要将不同电力供应商间的合作行为在有限理性的前提下进行研

究，讨论其行为演化特征及演化稳定策略，以保证持续、稳定的新能源供给及促进新能源产业的发展。

3.5　Stackelberg 博弈

3.5.1　Stackelberg 博弈理论基础

Stackelberg 博弈模型是领导-跟随模型，又名 Stackelberg leadership model，是经济学中双寡头模型之一，属于完全且完美动态信息博弈。它是德国经济学家 Heinrich von Stackelberg 于 1934 年提出的，并用其名字进行命名。在该模型中，双方都是根据对方可能的策略来选择自己的策略以保证自己在对方策略下的利益最大化。

Stackelberg 博弈作为完全信息动态博弈的一种，1952 年 Heinrich 在对市场经济问题进行研究过程中，提出的包含主从递阶结构的决策问题，被称为 Stackelberg 问题。在 Stackelberg 问题中有两类不同的决策者，他们地位不同，领导者身处较高的决策层，掌握跟随者相关的信息，能够自上而下地控制与引导跟随者；跟随者身处较低的决策层，其决策权处在从属地位，受主策略的制约，但也会影响上层领导者决策。

Stackelberg 博弈的决策问题存在如下特征：第一，参与了决策博弈的决策人相对独立，他们的决策变量自身是可以控制；第二，决策者的决定将对其他决策者的利益产生影响；第三，决策系统属于主从的梯阶结构，就是决策者位于不同的决策层次，决策者身处不同的层次会拥有不一样的权利，身处高层的决策者拥有较大的权利，可依据自己决策目标向下级实施直接抑或间接的调控，同时下级的决策也会影响上级的决策，二者间存在相互制约的主从关系；第四，所有决策者共同做出的最终决定，应该是所有决策者都能接受的满意决策。

3.5.2　多主体合作的 Stackelberg 博弈行为特征

根据 Stackelberg 博弈模型的特点，一定存在领导者与追随者的策略选择，其中领导者占据主导位置，率先做出决策，跟随者通过观察得到领导者的策略信息，然后选择能够最大化自身收益的策略进行博弈，并根据策略执行动作跳转到下一状态，如图 3-6 所示。决策过程和特点完全适用于新能源供给合作中电力供应商与充电桩运营商间的博弈分析。

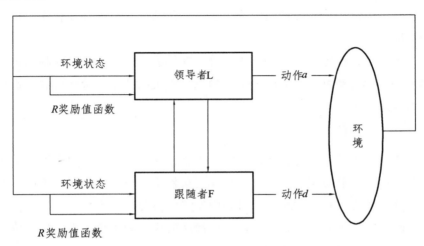

图 3-6 Stackelberg 博弈模型图

新能源供给的多主体合作中，电力供应商作为能源供给端，占据主导地位，属于领导者；充电桩运营商则属于追随者。电力供应商率先做出决策，充电桩运营商通过观察获取电力供应商策略，以此为依据再确定自身的行动策略，最终选择自身利益最大化的策略并实施。

3.6 合作定价

3.6.1 合作定价理论基础

产品定价问题是学术界和企业经营的一个恒久研究课题，价格作为沟通商品买卖过程的基本桥梁，产品定价具有实现产品价值的强烈的现实意义并涉及所有社会成员的根本利益。产品定价的研究最初源于经济学，目前已经成为供应链管理领域的研究热点。

对于单一产品的定价方法主要包括成本加成法、差别定价法以及两部定价等方法。对于多产品的定价，主要方法有多产品成本加成定价、关联产品定价、需求相关产品定价以及搭配销售定价等。

从供应链视角出发，主要研究纵向产品的定价问题，即将被研究主体看成供应链中的一个成员，且供应链中上、下游主体密切联系、相互博弈。供应链领域研究产品定价问题主要包括合作定价和非合作定价两种情况。

无论是合作定价还是非合作定价，在供应链中，各成员面临的采用的价格决策机制可以分为两大类：静态价格机制和动态价格机制，也被称为静态定价和动态定价。

1）静态定价

静态定价是一种比较传统的定价策略，在信息技术大力发展之前大多企业都采用静态定价策略，即预先定义价格与单位产品间的关系，并在运营或销售过程中的相当长时间内始终保持此价格不变[258]。

静态定价策略下，企业往往根据商品的成本和预估需求量确定价格水平，但是随着市场渗透和生产规模的扩大，商品的单位成本、需求总量以及顾客的购买行为都会相应发生变化，单一的静态价格不利于企业有效平衡需求和供给，也难以通过价格手段获得更大利润。

2）动态定价

动态定价是与传统的、一成不变的静态定价相对应的定价方法，是指商品供应方依据销售时间、需求信息和商品存量等信息，随着时间的推移动态地调整商品价格。早些年由于缺乏准确的需求信息，价格的变动会产生较高的变价成本，加之实行动态定价策略所需要的软硬件的投资巨大，企业大多采用静态定价策略。随着信息技术的发展，动态定价的条件日趋成熟，航空、游艇、酒店、供电业、体育赛事和卫生保健等总供给量在短时间内难以改变的企业率先运用动态定价策略调节供需平衡。

动态定价实质上是一种差别定价策略。动态定价根据消费市场需求和产品供应能力，对不同类型消费者或不同的细分市场，对同一产品价格进行适时调整的一种产品定价方式。生产企业根据市场需求的多样性以及目标消费人群在销售时段内各时刻对产品价值的不同判断，对同一产品在不同的时刻制定不同的价格。这样可以满足有着不同价格弹性的消费者对产品的需求，最大限度地增加企业经济效益。动态定价是企业实施收益管理的基本手段，是企业追求更大化经济利益的有效价格手段，目前已在多个领域（包括民航、零售业、电子商务等行业）广泛应用，深受企业欢迎。

动态定价和静态定价的区别在于打破了价格保持不变的定价规则，使产品价格随着时间的流逝或随着产品存量数量的增减而变化。动态定价的前提是产品具有易逝性特征，定价特点是价格随销售时间和产品存量的变化而改变。当产品价格作为自变量取值时，会受到一些方面的限制，价格的变动可能是连续的，也可能是离散的。

3.6.2 多主体合作的定价特征

新能源供给的多主体合作中，不同电力供应商、不同充电桩运营商、众多终端用户形成了新能源供给的多主体合作服务链，服务链上各主体行为决策都可能会影响到整个服务链的利益。电力资源是高价格弹性商品，其使用成本将直接影响到消费者的新能源汽车购买决策及新能源汽车使用率。涉及电力供应商、充电桩运营商、终端用户的多主体合作定价机制会影响终端用户的能源使用费用，因而，需要将多主体作为利益整体进行考虑，制定合理的定价机制及策略。

3.7 本章小结

本章首先对非均衡空间及其相对性、可比性、适度性三个特征进行描述；其次，对复杂网络的理论基础及其多主体合作的复杂关系特征进行分析；再次，对博弈论基本理论及其分类进行介绍，重点对演化博弈、Stackelberg 博弈的理论基础及其多主体合作的博弈特征行为进行分析；最后，对合作定价理论基础及其多主体合作的定价特征进行比较分析，为后文的研究奠定理论基础。

第 4 章

非均衡空间下新能源供给的

多主体合作博弈策略研究

4.1　引　言

新能源是国家能源战略的重要内容，新能源汽车亦是新能源可持续发展的重要战略方向，其中，新能源的稳定可持续供给是决定新能源汽车产业领域蓬勃成长的关键因素，新能源供给多主体合作网络已成为近几年的研究热点。学界针对充电桩的布局完备性，在考虑不同约束条件下提出相应的优化策略[259]。曾鸣等[98]研究了新能源电力系统持续稳定供给的关键技术，并构建了该技术支撑下的稳定运行模式。在实践层面，国内以充电桩为代表的充电基础设施建设布局也取得显著成效。全国能源信息平台统计数据显示，我国充电桩数量从 2010 年的 0.11 万个到 2020 年 6 月底的 132.2 万个，其中公共充电桩 55.8 万个，数量位居全球首位，充电基础设施持续快速增长，有力促进了我国新能源汽车产业的快速发展。

然而，上述已建成的运营端充电基础设施在实际运营及使用过程中，由于多主体间泛在共识合作机制的缺乏，加之供给端不同电力供应商、运营端不同充电桩运营商个体逐利和机会主义"搭便车"行为，使得充电基础设施的建设运营出现了局部冗长排队与"死桩"并存的利用率极度不平衡现象[260]。究其原因，一方面，现有电力供给端处于政策配给制下的非均衡空间下双寡头非完全市场竞争态势[261]，相关学者的研究在价格机制开放性和灵活性方面的假设与此存在相悖之处，使得给予的新能源建设运营政策建议可操作性亟待提升；另一方面，仰赖政府补贴政策的供给端不同电力供应商和运营端不同充电桩运营商"重建设轻运营"，对当前非均衡空间双寡头非完全竞争市场态势下以充电桩为代表的新能源供给多主体合作可持续发展缺乏动力和长效合作机制。因此，考虑非均衡空间非完全市场双寡头竞争态势均质价格下，从微观企业层构建供给端不同电力供应商和运营端不同充电运营间的多层有效合作模型，建立供给端不同电力供应商合作的效用函数及效用矩阵，深入分析各主体间的合作行为演化过程、合作演化稳定条件，以及促使其合作行为向长效可持续供给的多主体合作演化策略；进一步，探索存在政府调控条件下的补贴阈值，是实现以充电桩为代表的新能源供给产业可持续均衡运营亟待解决的问题。

4.2　新能源供给的多主体合作模型构建

4.2.1　模型假设

在实际的新能源供给的多主体合作网络中，电力供应商（electricity supplied enterprise，ESEs）通过与各充电桩运营商（Charging pile operator，CPOs）进行合作，最终由充电基础设施（the charging facilities，TCFs）实现电动汽车的能源供给。电动汽车能源供给网络则是由充电桩运营商向电力供应商购买能源，并通过充电设施传导至电动汽车，以此实现交通出行绿色化、低碳化。在此网络中，充电桩运营商为了获得能源供应需要向电力供应商支付电力供应费用，并通过向终端用户提供能源供应服务获取收益。在不改变问题本质的前提下，做出如下假设：

（1）新能源供给属于较为特殊的非完全市场寡头竞争，是关系国计民生的能源计划，政府也参与价格的调控[262]，因此可假定能源供给价格不受电力供应商间合作的影响。

（2）虽然各地能源供给价格不一，但总体差异较小，且这种差异的存在不会影响合作行为及演化，因此，假定每个电力供应商向充电桩运营商采用相同的收费标准且提供均质的能源供应服务。

（3）通过电力供应商间的有效合作，服务需求满足率提升，逐步提高市场化程度并融合其他增值服务，用户满意度大幅提升，此时，充电桩运营商同等程度提高对终端用户的服务费收费标准。

（4）电力供应商最主要的作用在于为充电桩运营商提供能源供给，主要研究电力供应商间是否合作及合作程度对能源供给多主体合作网络的演化及稳定策略的影响，为了简化研究，可假定电力供应商自建的充电设施终端单位收益固定。

（5）为终端用户提供能源供给服务是最终目的，需要通过特定传输渠道方可实现,因此假定充电桩运营商分别与所有电力供应商保持连接。

（6）电力供给市场收费依据主要是电力使用量，因此电力供应商向充电桩运营商收取费用主要依据电力供给流量。

（7）目前，充电设施的类型可分为交流充电桩、直流充电桩和交直流充电桩三种，不失一般性，假定每个充电桩运营商都包含这三种类型充电设施。

依据上述假设，建立新能源供给的多主体合作网络拓扑模型，如图4-1所示。

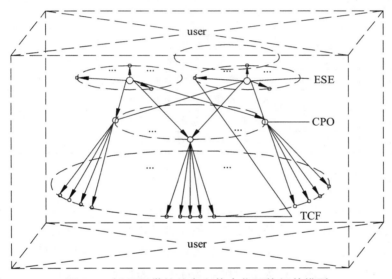

图 4-1　新能源供给的多主体合作网络拓扑模型

为了便于表述及阅读，将本章涉及的主要变量及含义列出，如表4-1所示。

表 4-1　本章变量表示及含义

序号	变量	含　义
1	α	双方合作均投入建设，向其中一方付费的 CPO 数量占总体的比率
2	β	双方合作均投入建设，向其中另一方付费的 CPO 数量占总体的比率

序号	变量	含义
3	δ	只有一方投入建设,"不投入方"向"投入方"付费的 CPO 数量占总体的比率
4	ξ_m	第 m 个 ESE 自建 TCF 数量
5	R_u	由 ESE 自建的 TCF 充电终端单位收益
6	θ	网络连接状况系数
7	P_0	网络初始连接状况下,对 CPO 的电力供应流量定价
8	$P(\theta)$	双方合作状态下,对 CPO 的电力供应流量定价
9	x	充电设施的类型
10	N_x	ESE 中所辖第 x 种类型充电设施数量
11	$\overline{B}$	第 x 种类型充电设施需要的平均电功率
12	B_{CPO}	初始定价下,CPO 需要付费的电量强度总和
13	L_{max}	ESE 间的最大连接承受能力
14	C_{unit}	维护连接畅通每年所需付出的单位维护成本
15	C_{total}	维护连接畅通所需付出的总成本

4.2.2 多主体合作效用函数

如前所述,中国的电力供应商主要由两大电力供应集团承担,虽然下辖多个分公司且经营各种业务,但在管理体制及运行机制上仍隶属于国资委,其在新能源供给及充电基础设施建设方面有共同特质,仍可以将其看作利益整体,称为电力供应商联盟;若以企业收入归集属性来进行划分,他们仍是两个独立的利益集团。本书以新能源供给网络为研究对象,只对涉及电动汽车能源供给的业务进行研究,其他业务暂不纳入研究范围。一方面,电力供应商自建充电设施终端为用户提供能源供给服务;另一方面,作为能源供应商,电力供应商为充电桩运营商提供能源接入服务,并按照能源使用量收取费用。因此,电力供应商的收入由电力供应商自建的充电设施终端和充电桩运营商缴费两部分组成,那么电力供应商的所有收入 R_{total} 可表示为

$$R_{total} = R_{user} + R_{CPO} = \xi_m R_u + \sum_{x=1}^{n} (N_x \cdot \overline{B} \cdot P(\theta)) \tag{4-1}$$

依据成本性态分析方法，可将电力供应商的成本分为固定成本和可变成本两部分，分别用 C_F，C_V 表示，其中，固定成本 C_F 为电力供应商已经投入的基础设施建设成本；可变成本 C_V 将随电力供应商对网络连接管理维护投入力度加大而增加。电力供应商的总成本 C_{total} 为

$$C_{total} = C_F + C_V = C_F + \theta \cdot L_{max} \cdot C_{unit} \tag{4-2}$$

单个电力供应商的效用函数可记为 U_{ESE}，则

$$U_{ESE} = R_{total} - C_{total} = R_{user} + R_{CPO} - (C_F + C_V) \tag{4-3}$$

4.2.3 多主体合作效用矩阵

在当前新能源供给服务中，用户获得能源供给服务需向充电桩运营商缴纳充电电费及充电服务费，如前所述，充电桩运营商需要从电力供应商处获取能源并给予电力供应费，因此，电力供应商的收入主要来自充电服务费，且由终端用户实际获取的电力供应量决定。基于此，依据效用函数建立不同策略中电力供应商联盟的效用矩阵，如表 4-2 所示。以联盟中两个电力供应商为例，模拟其动态演化博弈过程，以此详细阐述电力供应商联盟基于合作关系的行为演变。

表 4-2 电力供应商联盟效用矩阵

电力供应商	参与 μ	不参与 $1-\mu$
参与 λ	$\xi_1 R_u + \alpha R_{CPO} - C_F - \beta C_V$, $\xi_2 R_u + (1-\alpha) R_{CPO} - C_F - (1-\beta) C_V$	$\xi_1 R_u + R_{CPO} + \delta \sum\limits_{x=1}^{n} [N_x \cdot \bar{B} \cdot (P(\theta) - P_0)] - C_F - C_V$, $\xi_2 R_u + (1-\delta) \sum\limits_{x=1}^{n} (N_x \cdot \bar{B} \cdot P(\theta) - P_0) - C_F$
不参与 $1-\lambda$	$\xi_1 R_u + (1-\delta) \sum\limits_{x=1}^{n} [N_x \cdot \bar{B} \cdot (P(\theta) - P_0)] - C_F$, $\xi_2 R_u + R_{CPO} + \delta \sum\limits_{x=1}^{n} [N_x \cdot \bar{B} \cdot (P(\theta) - P_0)] - C_F - C_V$	$\xi_1 R_u + \sum\limits_{x=1}^{n} (N_x \cdot \bar{B} \cdot P_0) - C_F$, $\xi_2 R_u + \sum\limits_{x=1}^{n} (N_x \cdot \bar{B} \cdot P_0) - C_F$

对于上述电力供应商，只考虑他们的合作行为，而未对其竞争性进行分析。电力供应商联盟的博弈中，对方的行动策略为（参与建设，不参与建设），简记为 (T, F)。若选择参与，代表双方均维护并保证合作渠道畅通；若选择不参与，则表示联盟中一方负责双方的渠道畅通。在博弈的基本理论中，处于相互连接的双方，建设成本支出更大的一方在共同利益中的收益也更高。处于联盟中的双方，无论作何选择，假定在某时间节点，处于能源供给网络中的其他主体都不参与联盟的内部竞争，只是静观市场变化走向并为以后的行动进行思考。

令电力供应商 1 参与建设时的期望效用为 E_{11}，不参与建设时的期望效用为 E_{12}，电力供应商 1 的平均期望效用为 $\overline{E}_1$；电力供应商 2 参与建设时的期望效用为 E_{21}，不参与建设时的期望效用为 E_{22}，电力供应商 2 的平均期望效用为 $\overline{E}_2$。根据电力供应商联盟效用矩阵，可得

$$
\begin{aligned}
E_{11} = {} & \mu(\xi_1 R_{\mathrm{u}} + \alpha R_{\mathrm{CPO}} - C_{\mathrm{F}} - \beta C_{\mathrm{V}}) + \\
& (1-\mu)\left\{ \xi_1 R_{\mathrm{u}} + R_{\mathrm{CPO}} + \delta \sum_{x=1}^{n}[N_x \cdot \overline{B} \cdot (P(\theta) - P_0)] - C_{\mathrm{F}} - C_{\mathrm{V}} \right\}
\end{aligned}
\tag{4-4}
$$

$$
\begin{aligned}
E_{12} = {} & \mu\left\{ \xi_1 R_{\mathrm{u}} + (1-\delta)\sum_{x=1}^{n}[N_x \cdot \overline{B} \cdot (P(\theta) - P_0)] - C_{\mathrm{F}} \right\} + \\
& (1-\mu)\left[\xi_1 R_{\mathrm{u}} + \sum_{x=1}^{n}(N_x \cdot \overline{B} \cdot P_0) - C_{\mathrm{F}} \right]
\end{aligned}
\tag{4-5}
$$

$$
\begin{aligned}
\overline{E}_1 = {} & \lambda E_{11} + (1-\lambda) E_{12} \\
= {} & \lambda \Bigg\{ \mu(\xi_1 R_{\mathrm{u}} + \alpha R_{\mathrm{CPO}} - C_{\mathrm{F}} - \beta C_{\mathrm{V}}) + \\
& (1-\mu)\left\{ \xi_1 R_{\mathrm{u}} + R_{\mathrm{CPO}} + \delta \sum_{x=1}^{n}[N_x \cdot \overline{B} \cdot (P(\theta) - P_0)] - C_{\mathrm{F}} - C_{\mathrm{V}} \right\} \Bigg\} + \\
& (1-\lambda)\Bigg\{ \mu\left\{ \xi_1 R_{\mathrm{u}} + (1-\delta)\sum_{x=1}^{n}[N_x \cdot \overline{B} \cdot (P(\theta) - P_0)] - C_{\mathrm{F}} \right\} + \\
& (1-\mu)\left[\xi_1 R_{\mathrm{u}} + \sum_{x=1}^{n}(N_x \cdot \overline{B} \cdot P_0) - C_{\mathrm{F}} \right] \Bigg\}
\end{aligned}
\tag{4-6}
$$

$$E_{21} = \lambda \left[\xi_2 R_u + (1-\alpha)R_{CPO} - C_F - (1-\beta)C_V \right] +$$

$$(1-\lambda)\left\{ \xi_2 R_u + R_{CPO} + \delta \sum_{x=1}^{n} [N_x \cdot \overline{B} \cdot (P(\theta) - P_0)] - C_F - C_V \right\}$$

（4-7）

$$E_{22} = \lambda \left\{ \xi_2 R_u + (1-\delta)\sum_{x=1}^{n} [N_x \cdot \overline{B} \cdot (P(\theta) - P_0)] - C_F \right\} +$$

$$(1-\lambda)\left[\xi_2 R_u + \sum_{x=1}^{n} (N_x \cdot \overline{B} \cdot P_0) - C_F \right]$$

（4-8）

$$\overline{E}_2 = \mu E_{21} + (1-\mu)E_{22}$$

$$= \mu \left\{ \lambda \left[\xi_2 R_u + (1-\alpha)R_{CPO} - C_F - (1-\beta)C_V \right] + \right.$$

$$(1-\lambda)\left\{ \xi_2 R_u + R_{CPO} + \delta \sum_{x=1}^{n} [N_x \cdot \overline{B} \cdot (P(\theta) - P_0)] - C_F - C_V \right\} \right\} +$$

$$(1-\mu)\left\{ \lambda \left\{ \xi_2 R_u + (1-\delta)\sum_{x=1}^{n} [N_x \cdot \overline{B} \cdot (P(\theta) - P_0)] - C_F \right\} + \right.$$

$$(1-\lambda)\left[\xi_2 R_u + \sum_{x=1}^{n} \left(N_x \cdot \overline{B} \cdot P_0 \right) - C_F \right] \right\}$$

（4-9）

因此，可得该电力供应商联盟的复制动态方程

$$\begin{cases} F(\lambda) = \dfrac{\mathrm{d}\lambda}{\mathrm{d}t} = \lambda(E_{11} - \overline{E}_1) \\ F(\mu) = \dfrac{\mathrm{d}\mu}{\mathrm{d}t} = \lambda(E_{21} - \overline{E}_2) \end{cases}$$

（4-10）

其中

$$F(\lambda) = \lambda(1-\lambda)\left\{ \sum_{x=1}^{n} [N_x \overline{B} \delta(P(\theta) - P_0)] - \theta L_{max} C_{unit} - \right.$$

$$\mu \left\{ \sum_{x=1}^{n} [N_x \overline{B}(1-\alpha)P(\theta) - P_0] - (1-\beta)\theta L_{max} C_{unit} \right\} \right\}$$

（4-11）

$$F(\mu) = \mu(1-\mu)\left\{\sum_{x=1}^{n}[N_x\overline{B}\delta(P(\theta)-P_0)] - \theta L_{\max}C_{\text{unit}} -\right.$$
$$\left.\lambda\left\{\sum_{x=1}^{n}N_x\overline{B}(\alpha P(\theta)-P_0) - \beta\theta L_{\max}C_{\text{unit}}\right\}\right\}$$

（4-12）

4.3 多主体合作演化博弈分析

4.3.1 多主体合作演化博弈模型

对电力供应商联盟的复制动态方程求导，得

$$\frac{\mathrm{d}F(\lambda)}{\mathrm{d}\lambda} = (1-2\lambda)\left\{\sum_{x=1}^{n}[N_x\overline{B}\delta(P(\theta)-P_0)] - \theta L_{\max}C_{\text{unit}} -\right.$$
$$\left.\mu\left\{\sum_{x=1}^{n}[N_x\overline{B}(1-\alpha)P(\theta)-P_0] - (1-\beta)\theta L_{\max}C_{\text{unit}}\right\}\right\}$$

（4-13）

$$\frac{\mathrm{d}F(\mu)}{\mathrm{d}\mu} = (1-2\mu)\left\{\sum_{x=1}^{n}[N_x\overline{B}\delta(P(\theta)-P_0)] - \theta L_{\max}C_{\text{unit}} -\right.$$
$$\left.\lambda\left[\sum_{x=1}^{n}N_x\overline{B}(\alpha P(\theta)-P_0) - \beta\theta L_{\max}C_{\text{unit}}\right]\right\}$$

（4-14）

令

$$\sigma_1 = \frac{\sum_{x=1}^{n}[N_x\overline{B}\delta(P(\theta)-P_0)] - \theta L_{\max}C_{\text{unit}}}{\sum_{x=1}^{n}N_x\overline{B}[\alpha P(\theta)-P_0] - \beta\theta L_{\max}C_{\text{unit}}},$$

$$\sigma_2 = \frac{\sum_{x=1}^{n}[N_x\overline{B}\delta(P(\theta)-P_0)] - \theta L_{\max}C_{\text{unit}}}{\sum_{x=1}^{n}[N_x\overline{B}(1-\alpha)P(\theta)-P_0] - (1-\beta)\theta L_{\max}C_{\text{unit}}}$$

定理 1 该系统在平面 $X = \{(\lambda, \mu); 0 \leqslant \lambda, \mu \leqslant 1\}$ 存在 5 个平衡点，分别为 $X_1(0,0)$，$X_2(1,0)$，$X_3(0,1)$，$X_4(1,1)$，$X_5(\sigma_1, \sigma_2)$。

证明 由复制动态方程组，令 $\dfrac{\mathrm{d}F(\lambda)}{\mathrm{d}\lambda} = 0$，$\dfrac{\mathrm{d}F(\mu)}{\mathrm{d}\mu} = 0$，显然有 $X_1(0,0)$，$X_2(1,0)$，$X_3(0,1)$，$X_4(1,1)$ 为系统的平衡点。当 $\lambda = \sigma_1(0 < \sigma_1 < 1)$，$\mu = \sigma_2(0 < \sigma_2 < 1)$ 时，仍然可以得到 $\dfrac{\mathrm{d}F(\lambda)}{\mathrm{d}\lambda} = 0$，$\dfrac{\mathrm{d}F(\mu)}{\mathrm{d}\mu} = 0$，因此 $X_5(\sigma_1, \sigma_2)$ 也是系统的平衡点。

4.3.2 多主体合作演化稳定策略

Frideman[263]认为，群体动态均衡点由该系统的雅克比矩阵的局部稳定性得到。上述均衡点中，当且仅当同时满足如下条件时才是系统的演化稳定策略（ESS）：第一，对应的雅克比矩阵的行列式大于零；第二，雅克比矩阵的迹小于零。

电力供应商联盟博弈网络模型的雅克比矩阵如下：

$$\boldsymbol{\varphi} = \begin{bmatrix} \dfrac{\partial F(\lambda)}{\partial \lambda} & \dfrac{\partial F(\lambda)}{\partial \mu} \\ \dfrac{\partial F(\mu)}{\partial \lambda} & \dfrac{\partial F(\mu)}{\partial \mu} \end{bmatrix} = \begin{bmatrix} \varphi_{11} & \varphi_{12} \\ \varphi_{21} & \varphi_{22} \end{bmatrix}$$

其中

$$\varphi_{11} = (1-2\lambda)[B_{\mathrm{CPO}}\delta(P(\theta)-P_0) - \theta(C_{\mathrm{F}}+C_{\mathrm{V}})] - \mu\{B_{\mathrm{CPO}}[(1-\alpha)P(\theta)-P_0] - \theta(1-\beta)(C_{\mathrm{F}}+C_{\mathrm{V}})\}$$
（4-15）

$$\varphi_{12} = -\lambda(1-\lambda)\{B_{\mathrm{CPO}}[(1-\alpha)P(\theta)-P_0] - \theta(1-\beta)(C_{\mathrm{F}}+C_{\mathrm{V}})\}$$
（4-16）

$$\varphi_{21} = -\mu(1-\mu)[B_{\mathrm{CPO}}(\alpha P(\theta)-P_0) - \theta\beta(C_{\mathrm{F}}+C_{\mathrm{V}})]$$
（4-17）

$$\varphi_{22} = (1-2\mu)[B_{\mathrm{CPO}}\delta(P(\theta)-P_0) - \theta(C_{\mathrm{F}}+C_{\mathrm{V}})] - \lambda[B_{\mathrm{CPO}}(\alpha P(\theta)-P_0) - \theta\beta(C_{\mathrm{F}}+C_{\mathrm{V}})]$$
（4-18）

则它对应的行列式 $\det\boldsymbol{\varphi} = \varphi_{11}\varphi_{22} - \varphi_{12}\varphi_{21}$，迹 $\operatorname{tr}\boldsymbol{\varphi} = \varphi_{11} + \varphi_{22}$，当 $\det\boldsymbol{\varphi} > 0$ 且 $\operatorname{tr}\boldsymbol{\varphi} < 0$ 时由复制动态方程求得的均衡点才是系统的演化稳定策略（ESS）。

定理 2　情形①～⑥的平衡点局部稳定性分析结果如表 4-3 所示，并可得如下结论：

① 若 $B_{CPO}\delta(P(\theta)-P_0) > \theta(C_F+C_V)$，$B_{CPO}[(1-\alpha)P(\theta)-P_0] < \theta(1-\beta)(C_F+C_V)$，$B_{CPO}(\alpha P(\theta)-P_0) > \theta\beta(C_F+C_V)$，$B_{CPO}[(\delta+\alpha-1)P(\theta)-(\delta+1)P_0] > \theta\beta(C_F+C_V)$，系统演化稳定策略 ESS 为 (T,F)；初始阶段，当电力供应商 1 参与建设而电力供应商 2 采取消极态度不参与建设时，最终的演化结果将呈现出均不建设。

② 若 $B_{CPO}\delta(P(\theta)-P_0) > \theta(C_F+C_V)$，$B_{CPO}[(1-\alpha)P(\theta)-P_0] < \theta(1-\beta)(C_F+C_V)$，$B_{CPO}(\alpha P(\theta)-P_0) > \theta\beta(C_F+C_V)$，$B_{CPO}[(\delta+\alpha-1)P(\theta)-(\delta+1)P_0] > \theta\beta(C_F+C_V)$，系统演化稳定策略 ESS 为 (T,T)；初始阶段，当电力供应商 1、2 均参与网络建设，最终的演化结果将是均大力投入网络建设。

③ 若 $B_{CPO}\delta(P(\theta)-P_0) < \theta(C_F+C_V)$，$B_{CPO}[(1-\alpha)P(\theta)-P_0] < \theta(1-\beta)(C_F+C_V)$，$B_{CPO}(\alpha P(\theta)-P_0) > \theta\beta(C_F+C_V)$，系统演化稳定策略 ESS 为 (F,F)，(T,T)；初始阶段，当电力供应商 1、2 均参与或均不参与网络建设的两种情况时，最终的演化结果将是均大力投入网络建设或均不参与任何网络建设。

④ 若 $B_{CPO}\delta(P(\theta)-P_0) < \theta(C_F+C_V)$，$B_{CPO}[(1-\alpha)P(\theta)-P_0] > \theta(1-\beta)(C_F+C_V)$，$B_{CPO}(\alpha P(\theta)-P_0) < \theta\beta(C_F+C_V)$，系统演化稳定策略 ESS 为 (F,F)，(T,T)；初始阶段，当电力供应商 1、2 均参与或均不参与网络建设的两种情况时，最终的演化结果将是均大力投入网络建设或均不参与任何网络建设。

⑤ 若 $B_{CPO}\delta(P(\theta)-P_0) > \theta(C_F+C_V)$，$B_{CPO}[(1-\alpha)P(\theta)-P_0] < \theta(1-\beta)(C_F+C_V)$，$B_{CPO}(\alpha P(\theta)-P_0) < \theta\beta(C_F+C_V)$，$B_{CPO}[(\delta+\alpha-1)P(\theta)-(\delta+1)P_0] < \theta\beta(C_F+C_V)$，系统演化稳定策略 ESS 为 (T,T)；初始阶段，当电力供应商 1、2 均参与网络建设，最终的演化结果将是均大力投入网络建设。

⑥ 若 $B_{CPO}\delta(P(\theta)-P_0) < \theta(C_F+C_V)$，$B_{CPO}[(1-\alpha)P(\theta)-P_0] > \theta(1-\beta)$

(C_F+C_V)，$B_{CPO}(\alpha P(\theta)-P_0)<\theta\beta(C_F+C_V)$，系统演化稳定策略 ESS 为 (F,F)，(T,T)；初始阶段，当电力供应商 1、2 均参与或均不参与网络建设的两种情况时，最终的演化结果将是均大力投入网络建设或均不参与任何网络建设。

表 4-3 不同情形下均衡点局部稳定性

情形	均衡点	$X_1(0,0)$	$X_2(1,0)$	$X_3(0,1)$	$X_4(1,1)$	$X_5(\sigma_1,\sigma_2)$
①	$\det\varphi$	+	+	−	+	
	$\mathrm{tr}\varphi$	+	−	+	−	0
	局部稳定性	不稳定点	ESS	鞍点	不稳定点	鞍点
②	$\det\varphi$	+	−	−	+	
	$\mathrm{tr}\varphi$	+	−	−	−	0
	局部稳定性	不稳定点	鞍点	不稳定点	ESS	鞍点
③	$\det\varphi$	+	−	−	+	
	$\mathrm{tr}\varphi$	−	−	+	−	0
	局部稳定性	ESS	不稳定点	不稳定点	ESS	鞍点
④	$\det\varphi$	+	−	−	+	
	$\mathrm{tr}\varphi$	−	+	−	−	0
	局部稳定性	ESS	不稳定点	不稳定点	ESS	鞍点
⑤	$\det\varphi$	+	+	+	+	
	$\mathrm{tr}\varphi$	+	+	+	−	0
	局部稳定性	不稳定点	鞍点	不稳定点	ESS	鞍点
⑥	$\det\varphi$	+	−	−	+	
	$\mathrm{tr}\varphi$	−	+	−	−	0
	局部稳定性	ESS	不稳定点	不稳定点	ESS	鞍点

证明 根据上述判断方法，分别计算出平衡点取值时的 $\det\varphi$、$\mathrm{tr}\varphi$ 的值，判断其局部稳定性。因此，在以上六种情形下演化稳定分析结果如上所述，证毕。

分析电力供应商联盟内各决策主体的动态演化博弈过程，具体如图 4-2 所示。$X_1(0,0)$，$X_4(1,1)$ 是两个演化稳定点，即 (F,F)，(T,T)。此外，由两个不稳定点 $X_2(1,0)$，$X_3(0,1)$ 和鞍点 $X_5(\sigma_1,\sigma_2)$ 连成的折线为电力供应商联盟收敛于不同状态的临界线，鞍点 X_5 的横纵坐标则是演化路径改变的阈值：折线左下方可收敛于 $X_1(0,0)$，最终双方都选择不参与建设来达到稳定状态；而折线右上方则收敛于 $X_4(1,1)$，最终两方都选择参与建设实现系统稳定。

反映到现实中，电力供应商 1、2，且在两寡头供应下存在较为明显的实力差距。若实力较强的企业 1 一直采取不参与建设的消极态度，实力较弱的企业 2 最终也会不进行建设；反之，如果企业 1 积极布局充电桩，这为企业 2 提供了积极的信号，双方共同投入建设，着力解决新能源汽车用户的"里程焦虑"。在此背景下，企业 2 也将主动积极推进与企业 1 的合作。

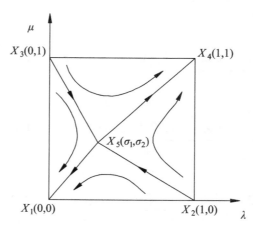

图 4-2 　 电力供应商联盟演化博弈相位图

尽管充电桩数量迅速增长，但实际利用率较低，规模效应无法凸显，充电服务费对于运营商来说几乎难以收回固定投资，亏损成为整个行业的"常态"。在此情形下，仍有众多投资主体参与到建设中，其根本原因在于政府给予新能源供给基础设施建设的补贴政策，这也是新能源汽车产业出现发展热潮的原因之一。由此可见，政府对该行业的调控非常必要，并且成效显著。

4.4 政府调控下的演化分析

中国的电力供给属于关乎国民生计的重要保障产业，电力供应商需按照国家的相关政策及措施开展能源供给活动，是政府调控下的能源供给行为，因此需要考虑政府调控下的不同电力供应商合作演化行为。相关利益方如图 4-3 所示。

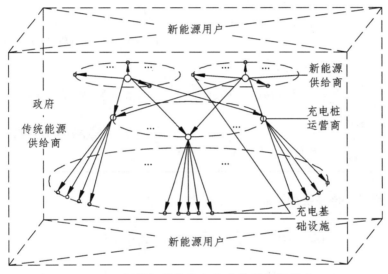

图 4-3 新能源供给多主体合作利益相关方

4.4.1 政府调控下多主体合作效用矩阵

由上述分析可知，当电力供应商合作联盟收敛于如图 4-2 中 $X_1X_2X_3X_5$ 区域，特别是新能源汽车发展初期，单纯依靠市场手段能源供给企业无法实现盈利时，最终双方都选择不参与建设来达到稳定状态，而新能源供给是较为特殊的非完全市场竞争，是关系国计民生的能源计划，完备的新能源供给网络有利于国家战略的实施[263]，因此，政府可以通过调控手段促进电力供应商联盟合作行为的达成，以更为便利的服务满足终端用户对新能源供给的需求。对于积极投入建设方政府给予相应补贴以示激励。假设补贴值为 B ，此时电力供应商联盟的效用矩阵如表 4-4 所示。

表 4-4　政府调控下电力供应商联盟效用矩阵

电力供应商	参与 μ	不参与 $1-\mu$
参与 λ	$\xi_1 R_u + \alpha R_{CPO} - C_F - \beta C_V + B,$ $\xi_2 R_u + (1-\alpha)R_{CPO} - C_F - (1-\beta)C_V + B$	$\xi_1 R_u + R_{CPO} + \delta \sum_{x=1}^{n}[N_x \cdot \overline{B} \cdot (P(\theta)-P_0)] - C_F - C_V + B,$ $\xi_2 R_u + (1-\delta)\sum_{x=1}^{n}[N_x \cdot \overline{B} \cdot (P(\theta)-P_0)] - C_F$
不参与 $1-\lambda$	$\xi_1 R_u + (1-\delta)\sum_{x=1}^{n}[N_x \cdot \overline{B} \cdot (P(\theta)-P_0)] - C_F,$ $\xi_2 R_u + R_{CPO} + \delta \sum_{x=1}^{n}[N_x \cdot \overline{B} \cdot (P(\theta)-P_0)] - C_F - C_V + B$	$\xi_1 R_u + \sum_{x=1}^{n}(N_x \cdot \overline{B} \cdot P_0) - C_F,$ $\xi_2 R_u + \sum_{x=1}^{n}(N_x \cdot \overline{B} \cdot P_0) - C_F$

此时，该系统的动态复制方程为

$$F(\lambda) = \lambda(1-\lambda)\left\{\sum_{x=1}^{n}[N_x \overline{B}\delta(P(\theta)-P_0)] - \theta L_{max} C_{unit} - \mu\left\{\sum_{x=1}^{n}[N_x \overline{B}(1-\alpha)P(\theta) - P_0] - (1-\beta)\theta L_{max}C_{unit}\right\} + B\right\}$$

（4-19）

$$F(\mu) = \mu(1-\mu)\left\{\sum_{x=1}^{n}[N_x \overline{B}\delta(P(\theta)-P_0)] - \theta L_{max}C_{unit} - \lambda\left[\sum_{x=1}^{n}N_x \overline{B}(\alpha P(\theta) - P_0) - \beta\theta L_{max}C_{unit}\right] + B\right\}$$

（4-20）

此时，系统的均衡点为 $X_1(0,0)$ ，$X_2(1,0)$ ，$X_3(0,1)$ ，$X_4(1,1)$ ，$X_6(\sigma_1', \sigma_2')$ ，当且仅当满足以下不等式成立：

$$\begin{cases} B > \theta L_{\max} C_{\text{unit}} - \sum_{x=1}^{n} \{N_x \bar{B}[\delta(P(\theta) - P_0)]\} \\ B < \min\left\{ \sum_{x=1}^{n} \{N_x \bar{B}[(\delta - \alpha)P(\theta) - (\delta - 1)P_0]\} + (1 - \beta)L_{\max} C_{\text{unit}}, \right. \\ \left. \sum_{x=1}^{n} \{N_x \bar{B}[(1 - \alpha - \delta)P(\theta) + (\delta - 1)P_0]\} + \beta L_{\max} C_{\text{unit}} \right\} \end{cases}$$

（4-21）

其中

$$\sigma_1' = \frac{\sum_{x=1}^{n}[N_x \bar{B} \delta(P(\theta) - P_0)] - \theta L_{\max} C_{\text{unit}} + B}{\sum_{x=1}^{n} N_x \bar{B}(\alpha P(\theta) - P_0) - \beta \theta L_{\max} C_{\text{unit}}},$$

$$\sigma_2' = \frac{\sum_{x=1}^{n}[N_x \bar{B} \delta(P(\theta) - P_0)] - \theta L_{\max} C_{\text{unit}} + B}{\sum_{x=1}^{n}[N_x \bar{B}(1 - \alpha)P(\theta) - P_0] - (1 - \beta)\theta L_{\max} C_{\text{unit}}}$$

新能源供给网络建设初期，当补贴值不够大，对电力供应商也不能起到激励作用时，系统也无法收敛于 $X_4(1,1)$ ，若使 (1,1) 成为系统唯一 ESS 的充要条件为

$$B > \max\{\theta(2 - \beta)(C_F + C_V) - B_{\text{CPO}}[(\delta + 1 - \alpha)P(\theta) - (1 + \alpha)P_0], \\ \theta(1 + \beta)(C_F + C_V) - B_{\text{CPO}}[(\delta + \alpha)P(\theta) - (1 + \alpha)P_0], \\ [3\theta(C_F + C_V) - B_{\text{CPO}}(2\delta + 1)(P(\theta) - P_0)]/2\}$$

（4-22）

证明 从表 4-3 对平衡点的分析知，(1,1) 是系统唯一 ESS 的充要条件为 $\det \boldsymbol{\varphi} > 0$ 且 $\text{tr}\boldsymbol{\varphi} < 0$ ，即

$$\det \boldsymbol{\varphi} = \{B_{\text{CPO}}[(\delta + 1 - \alpha)P(\theta) - (1 + \delta)P_0] - \theta(2 - \beta)(C_F + C_V) + B\} \times \\ \{B_{\text{CPO}}[(\delta + \alpha)P(\theta) - (1 + \delta)P_0] - \theta(1 + \beta)(C_F + C_V) + B\} > 0$$

（4-23）

$$\text{tr}\boldsymbol{\varphi} = -2[B_{\text{CPO}}(2\delta + 1)(P(\theta) - P_0) - 3\theta(C_F + C_V) + 2B] < 0$$

（4-24）

故可得

$$B > \theta(2-\beta)(C_F + C_V) - B_{CPO}[(\delta+1-\alpha)P(\theta)-(1+\alpha)P_0],$$
$$B > \theta(1+\beta)(C_F + C_V) - B_{CPO}[(\delta+\alpha)P(\theta)-(1+\alpha)P_0],$$
$$B > [3\theta(C_F + C_V) - B_{CPO}(2\delta+1)(P(\theta)-P_0)]/2$$

因此

$$B > \max\{\theta(2-\beta)(C_F + C_V) - B_{CPO}[(\delta+1-\alpha)P(\theta)-(1+\alpha)P_0],$$
$$\theta(1+\beta)(C_F + C_V) - B_{CPO}[(\delta+\alpha)P(\theta)-(1+\alpha)P_0],$$
$$[3\theta(C_F + C_V) - B_{CPO}(2\delta+1)(P(\theta)-P_0)]/2\}$$

由表 4-4 可知，$X_1(0,0)$ 是系统的不稳定点，$X_2(1,0)$，$X_3(0,1)$ 是系统的鞍点，$X_4(1,1)$ 为系统唯一的 ESS，证毕。

4.4.2　演化结果分析

将上述补贴值 B 的最小取值称为使电力供应商合作联盟必定收敛于 $X_4(1,1)$ 的阈值。我国新能源汽车产业的发展已位于世界前列，这与政府的补贴政策刺激密切相关。财政部、科技部、工信部、国家发改委等各部委连续几年出台新能源汽车推广应用的通知（如财建〔2013〕551号、财建〔2015〕134 号、财建〔2016〕958 号），明确中央财政的补贴标准，除此之外，各地方政府根据当地实际情况制定相应财政支持政策。然而，随着技术进步、制造规模化，新能源汽车产业前端的研发、制造等环节补贴退坡已成必然，相关企业也相应做好应对措施，但按照目前新能源汽车所处的生命周期成本来看，制造技术及规模还不能完全与市场接轨，退坡后的补贴额度将影响企业下一步的具体研发和生产计划，同时，提高了行业进入壁垒，也在一定程度上限制了产业的快速发展。相较而言，后端的新能源供给基础设施建设速度明显滞后。行业热而基础设施建设投资主体数量少，一方面，技术标准、体系建设等仍在摸索中前进；另一方面，商务模式和服务内容单一，严重制约了其盈利能力、发展能力。面对此种状况，各地方政府也出台了充电桩补贴政策，推进其发展，这也使近两年我国新能源汽车市场呈现爆发式增长。若补贴低于阈值,投资主体积极性必然下降,影响本应先行的能源供给基础设施建设,进而影响新能源汽车产业发展。

4.5 模型数值仿真及讨论

4.5.1 仿真说明

目前,两大主要电力供应商中,国家电网覆盖了包含国土面积 88% 以上的 26 个省份电力供应系统(其中西藏为独立运营),而南方电网主要负责两广、云贵和海南 5 省的电力运行。现阶段,充电设施的类型 x 主要分为交流充电桩、直流充电桩和交直流充电桩三种,对输入电压的要求分别为 220V、220V 和 380V。截至 2017 年 6 月,特来电、国家电网、万帮、中国普天、比亚迪、上汽安悦、南方电网、云杉智慧、珠海驿联、富电科技等充电桩运营企业共建立充电桩 180 684 个,其中国家电网和南方电网自建充电桩 ξ_m 分别为 42 304 个、2 118 个,辖区中第 x 种类型充电设施数量 N_x 及所需平均电功率 $\bar{B}$ 如表 4-5 所示。由电力供应商自建的充电设施终端单位收益 R_u=0.5元/kW·h,网络初始连接状况下,对充电桩运营商的电力供应流量定价 P_0=0.90元/kW·h,双方合作状态下会给用户提供更多服务体验,对充电桩运营商的电力供应流量定价在初始状态上浮 30%,即 $P(\theta)=1.15元/kW·h$。

表 4-5 各类充电桩数量及参数

	交流桩数量	直流桩数量	交直流桩数量
电力供应商 1 第 x 种类型充电设施数量 N_x	152 576	51 630	41 990
电力供应商 2 第 x 种类型充电设施数量 N_x	28 199	17 339	3 656
第 x 种类型充电设施需要的平均电功率 $\bar{B}$	30 kW	90 kW	90 kW
单个充电桩建设固定成本 C_F	4 万元	10 万元	10 万元
维护连接畅通每年所需付出的单位维护成本 C_{unit}	0.6 万元	1.8 万元	1.8 万元

　　充电桩建设运营主要依靠政府基础设施建设补贴和终端客户的充电服务费。各省市对新建充电桩的补贴标准及方式在细微环节上存在一定差异，但整体上体现出高度一致，为不失一般性，取成都市 600 元/桩的标准进行计算。

　　将上述数据分别带入电力供应商联盟效用矩阵，并设定初始状态下 α，β，δ，θ 的取值为 0.2，通过初步合作取值上升为 0.4，进一步合作后取值可达 0.8。建立仿真模型，对该系统的演化博弈过程进行模拟，进一步，反映不同初始值点向平衡点演化的轨迹，不同情形下电力供应商合作联盟是否参与建设仿真结果如图 4-4 ~ 图 4-7 所示。

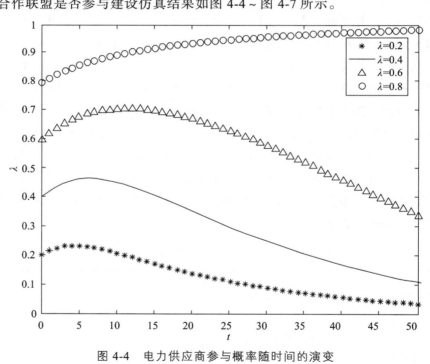

图 4-4　电力供应商参与概率随时间的演变

　　由于决策主体存在有限理性，电力供应商合作联盟初始状态时并不一定会采取最优战略，通过观察其他主体的策略来取舍自身是否参与新能源供给网络的建设。从演化仿真结果来看，实力较强的主体的态度对其他参与者影响较大，甚至会改变联盟最终状态的演变方向。当电力供应商 1 参与建设的概率取值不同，电力供应商 2 随着时间的推移呈现出不同的演化结果。

从图 4-4 可以看出，电力供应商 1 参与建设的概率较高且大于阈值时，随着时间的推移，其参与建设的概率逐渐增大；若参与建设的概率不能突破阈值，随着时间的推移，其参与建设的概率可能会降低。

从图 4-5 可知，当电力供应商 1 参与建设的概率较高且大于阈值时，电力供应商 2 经过长期演化，最终也会积极参与到新能源供给网络的建设与拓展。

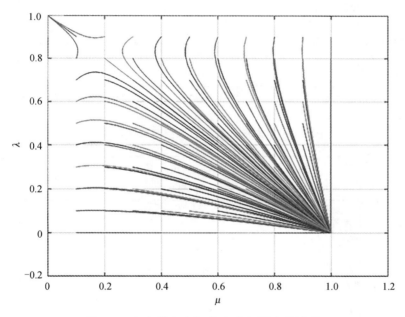

图 4-5　电力供应商间较高参与概率的演化

图 4-6 表明，当电力供应商 1 参与建设的概率小于阈值时，电力供应商 1 随着时间推移参与建设的可能性越低，而电力供应商 2 在演化过程中不参与建设的概率逐渐增大。

图 4-7 中加入了政府补贴，若补贴值大于阈值，电力供应商 1 演化进程中参与建设的可能性逐渐增大，联盟中的电力供应商 2 不参与建设的概率呈减小趋势。

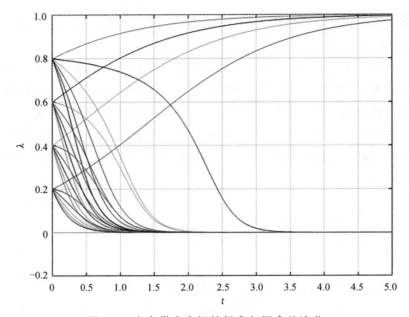

图 4-6　电力供应商间较低参与概率的演化

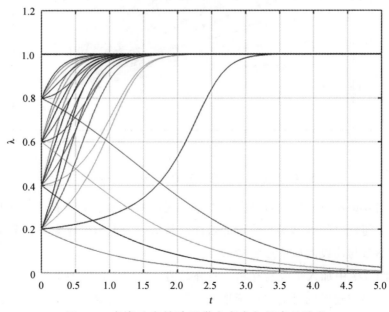

图 4-7　考虑政府补贴后供应商参与概率的演化

4.5.2 管理启示

构建新能源供给多主体合作网络与营造宜居环境密切相关，也是党的十九大建设"美丽中国"的必然要求，应该采取适当的措施确保各决策主体行为收敛于均衡点 (T,T)。为此，基于仿真结果从不同角度进行思考，提出对策建议。

（1）建立有益的联盟合作机制。不同电力供应商通过签订联盟协议，确立有效的合作机制，为终端用户提供更为稳定可持续的能源供给服务，进一步扩大新能源市场需求，共享产业发展收益；加强交流沟通，减少因信息不对称性而造成是充电基础设施重复建设，并可提高已有设施的利用效率，避免资源利用不平衡等问题的出现。

（2）构建实时的多方信息交流渠道。建立跨越行政边界及地域管辖的不同电力供应商及不同充电桩运营商界限的信息共享渠道，可实现所有充电桩运营商及充电基础设施的实时信息共享功能，包括设备的类型、完好性、使用状态等，能有效改善区域充电基础设施利用率极度不均衡现象，并结合当前高覆盖度的移动支付实现在支付方式、结算等方面的便捷化，提高终端用户的使用便利性，进一步扩大终端用户群体，尽快收回建设投资实现盈利。

（3）制定合理的政府补贴标准。新能源供给多主体合作网络仍处于建设初期，需要政府给予政策引导及资金支持才能让行业逐渐与市场接轨。政府除对网络运营进行监管外还应当在此阶段给予网络建设方不低于阈值的补贴，使电力供应商致力于网络建设，提高新能源需求比例，减少传统能源对环境的破坏；但是，补贴标准不宜高于阈值过多，以防止电力供应商、充电桩运营商仅以获取政府补贴而盲目进行网络建设，造成资源的浪费。

4.6 本章小结

本章首先构建供给端不同电力供应商、运营端不同充电桩运营商及消费端新能源汽车用户组成的新能源供给多主体合作网络，分析以电力供应商和充电桩运营商为主的微观企业层面新能源供给多主体合作网络的分层拓扑结构及行为特征，构建考虑非均衡空间下非完全市场寡头竞争态势均质价格下多主体合作演化博弈模型；其次，讨论不同情形下的合作行为机制及演化稳定策略，提出激励不同电力供应商间长期可持续合作的有效措施，促使其向预定目标演化；最后，考虑该行业在政府调控下电力供应商和充电桩运营商间的合作行为及演化机制，探讨以充电桩为代表的新能源供给基础设施建设初期政府应给予的补贴阈值，从而逐步提升能源供给环节的盈利能力，提升以充电桩为代表的新能源供给网络均衡运行效率，促进新能源汽车产业可持续发展。

第 5 章

非均衡空间下新能源供给的

多主体合作定价策略研究

5.1　引　言

新能源的持续稳定性供给是新能源汽车产业发展的必要条件，也是新能源汽车在终端消费环节被用户深度认可的关键[264]。随着能源存储技术的进步及电池单位能量密度的提升，新能源汽车的制造成本有所下降，已初步具备与传统汽车相当的条件，因而使用成本成为消费者购买决策中关注的重点之一。其使用成本主要体现在充电便利性、能源使用费用方面。在政策和市场的双重作用下，国内新能源供给运营端的基础设施建设取得了巨大成就，充电桩保有量跃居全球第一，为消费端实现充电便利性提供了必要保障。

在能源使用成本方面，因电力资源属于高价格弹性商品，各地方虽也出台了相应的能源使用收费标准，但当前的价格及价格体系差别较大，且无明确的定价标准，这将不利于消费端的购买决策及刺激新能源需求。进一步，伴随新能源汽车保有量的不断增长，提供单位新能源的成本分摊随之降低，若据此对其价格进行动态调整，以电力为代表的新能源需求量亦因高度价格弹性发生相应变化；新能源供给涉及包含供给端不同电力供应商、运营端的不同充电桩运营商至消费端新能源汽车用户的与能源供给服务相关的多个主体，各主体的定价机制及模式都会影响终端用户的能源使用费用。鉴于此，本章依据"服务链"理论，将新能源供给多主体看作一种链状关系，构建由供给端电力供应商、运营端充电桩运营商及消费端终端用户组成的多级新能源供给多主体合作服务链，建立链式服务契约，并在此基础上，基于 Stackelberg 博弈模型中各主体不同的决策模式，建立分散式和集中式动态决策模型，依据新能源终端用户付费结构，分别确定不同决策模式下新能源供应的两部制定价，并研究不同决策模式在新能源不同需求阶段对动态定价策略的影响。

5.2　新能源供给的多主体合作服务链模型

服务链是在服务管理深入研究的基础上提出的。Ken Ruggles 认为，服务链是由不同服务提供者彼此合作而成的一种链状关系，是能够主动为消费者提供全面、优质的服务，提高企业对消费者的服务质量的有机组成。在实际的新能源供给中，电力供应商（electricity supplied enterprise，ESEs）通过与各充电桩运营商（charging pile operator，CPO）进行合作，最终由充电设施（the charging facilities，TCFs）实现对终端用户（users）的能源供给。为了给终端用户提供有效的能源供给，充电桩运营商需要从电力供应商处取得能源供应，并以此通过充电设施传导至电动汽车，以此实现交通出行绿色化、低碳化。在此服务链中，电力供应商与充电桩运营商有效合作，并通过一定的手段促进、满足终端用户的能源供给服务需求；与此同时，充电桩运营商为了获得能源供给需要向电力供应商支付能源供给费用，并通过向终端用户提供能源供给服务收取充电服务费获取收益，如图 5-1 所示。

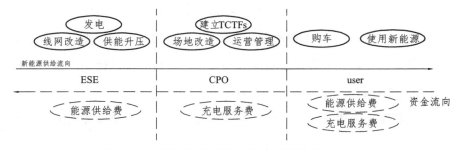

图 5-1 新能源供给的多主体合作服务链示意图

由图 5-1 可知，在新能源供给合作服务链中，电力供应商负责发电、进行线网改造及提供保证充电桩运营商正常运行的电压；充电桩运营商无须提前向电力供应商订购，无库存，主要进行充电设施的建设、提供终端用户能够实现充电服务的场地改造及日常运营管理；而终端用户需要支付的费用由两部分组成，即能源供给费和充电服务费。

在新能源供给合作服务链中，遵循用于水电行业的两部制定价[265]，即终端用户支付的能源使用价格 p 由能源供给费 w 和充电服务费 f 组成，满足 $p = w + f$；且电力供给市场收费依据主要是电力使用量，因此，电力供应商向充电桩运营商收取费用主要依据亦是电力供给流量。

目前，新能源供给中充电服务模式占据绝对优势份额，换电模式总需求量较小，对整体服务链的利润及定价策略影响不大，且其定价机制亦与充电服务存在较大差别，因此，本书暂时只考虑充电服务模式。为了使研究问题更加清晰，在不改变问题本质的前提下，做出如下假设：

假设 1：假设消费者都是理性经济人，从利己角度出发，只看中新能源的使用成本，不关心其社会效应和减小环境污染贡献，因此，新能源使用成本是其是否选择新能源的最重要条件。

假设 2：由于各地区用地成本差异较大，测算难度大，且不便于研究能源供给价格与需求量间的关系，因而，本书中暂时不考虑用地成本，只考虑充电设施的购置及安装成本。

假设 3：本书是从宏观视角探讨较长时间段的动态定价策略，对于微观视角的峰谷供应电价暂时不作考虑。

新能源汽车的能源需求与其保有量有关[266]，若新能源汽车的销售函数为 $f(t)$，则 t 时点新能源汽车的市场保有量为 $\int_0^t f(t)\mathrm{d}t$，假定其能源需求期望系数为 α，能源需求总量与终端用户支付的能源使用价格 p 负相关[267]，则 t 时点能源需求总量为 $Q = \alpha\int_0^t f(t)\mathrm{d}t - \beta p$。

为了便于表述及阅读，特将本章涉及的主要变量及含义列出，如表5-1 所示。

表 5-1　本章变量表示及含义

序号	变量	含　义
1	t	动态定价时点
2	$f(t)$	新能源汽车的销售量函数
3	ε	新能源汽车的能源需求期望系数
4	η	能源需求总量受终端消费者支付的能源使用价格影响系数
5	Q_t	t 时点能源需求总量
6	$\sum_{i=1}^{n} c_i^{\mathrm{M}}$	ESE 提供超出原负荷能源供应进行的发电、线网改造、升压等成本

序号	变量	含 义
7	w	ESE 向 CPO 收取的能源供应价格
8	p	CPO 向终端用户收取的费用,包括能源供给费用和充电服务费
9	π_M^D	分散式动态决策情形下,ESE 的利润
10	π_R^D	分散式动态决策情形下,CPO 的利润
11	π^D	分散式动态决策情形下,新能源供给多主体合作服务链的利润
12	p^D	分散式动态决策情形下,CPO 向终端用户收取的费用
13	Q^D	分散式动态决策情形下,新能源的需求量
14	w^D	分散式动态决策情形下,ESE 向 CPO 收取的能源供应价格
15	f^D	分散式动态决策情形下,CPO 向终端用户收取的充电服务费
16	$\sum_{j=1}^{m} c_j^R$	CPO 提供能源供给服务所需的人工、管理等成本
17	π_M	集中式动态决策情形下, ESE 的利润
18	π_R	集中式动态决策情形下,CPO 的利润
19	π	集中式动态决策情形下,新能源供给多主体合作服务链的利润
20	f	集中式动态决策情形下,CPO 向终端用户收取的充电服务费
21	*	不同决策情形下的最优值

5.3 新能源供给的多主体合作链式契约设计

由于新能源汽车产业仍处于成长期,诸多潜在新能源用户或已购新能源车用户受充电基础设施的低覆盖度、布局疏密非均衡性、非便捷性、充电排队的耗时成本等因素的影响,使得有效实际需求未能充分释放,且在实际的以充电桩为代表的新能源供给设施使用过程中存在严重的部分区域冗长排队与无人问津并存的不平衡现象[3]。究其原因主要是新能源供给治理环节电力供应商、充电桩运营商及终端用户之间由需求信息传递时延导致三者构成的多级服务链上下游信息不对称，以致能源供给基础设施建设与终端消费需求难以协调一致。

新能源供给服务主要有充电和换电模式两种，鉴于换电模式在现有供给服务中所占比重较小、不具有典型代表性，本书主要研究目前在市场中占据主导的充电模式。在充电服务模式下，新能源供给服务主要涉及电力供应商、充电桩运营商及终端用户三级主体，终端用户的新能源需求量是利润的最终来源。以往新能源供给领域的有关研究中，通常以单个主体为中心的视角为切入点进行研究，如谢宇翔等[268]从电力供应商出发研究新能源大规模接入后对电力系统的影响；温剑锋等[269]基于终端用户的行驶规律分析其能源供给需求。然而，从新能源供给服务链的电力供应商、充电桩运营商及终端用户三级运行结构来看，与一般商品供应链中的制造商、批发商、零售商三级运行结构在参与方结构组成方面存在同质性，可以视为完整的新能源供给服务链，以便于从服务链整体角度出发进行研究，可有效减少新能源供给服务中的不协调问题。虽然新能源供给服务链由三级运行结构组成，但其运行流程中具有不需提前订货、无库存、不涉及运输、不能退货等特点，使其异于一般商品的供应链，故在具体研究中也存在一定差异，这些差异主要表现为电力供应商提供的超出需求的能源不易被保存、电力供应商及充电桩运营商提供的商品在完成线网改造后无须运输、能源供给是单向输出、终端用户接受能源供给服务后不能撤销、终端用户的需求量决定整个新能源供给服务链的利润水平等。

电动汽车新能源供给集成到现有电网具有的潜在效益已被广泛认可，但也存在必要的线网改造、供能升压等前期大额投入才能保证新能源供给的持续稳定性，在此情况下，为了实现供需的有效平衡、减少不必要的能源浪费、保证电网的稳定性，电力供应商需要根据电动汽车的充电需求预测制订额外的电力需求计划；同时，电力供应商在接受充电桩运营商的能源供应申请时，应当要求一定的契约数量，一方面可尽快获得成本补偿，另一方面可防止充电桩运营商只建设不运营等牟取政府补贴的情况发生。而充电桩运营商为了提高充电桩使用效率尽快收回投资必须进一步促进新能源的有效需求，以完成契约数量。另一些学者则将电动汽车的节能减排效益进行量化研究，如林伯强等[270]在碳排放约束下制定满足能源需求的策略；卢志刚等[271]以电动汽车充电桩低碳效益最大化作为投资策略。将上述新能源供给服务链中的各级运行结构贯通，从服务链整体角度出发，以终端用户的需求量为前提，并对尚不能确定的需求量进行模糊化处理，结合需求量随时间变动情况而进行服务链契约数量及整体利润研究，有利于协调服务链的有限资源，提高资源运行效率。鉴于此，本书以充电服务模式为研究对象，构建多级新能源供给合作服务链，并对其运作结构及具体运行流程进行分析，在此基础上，将电动汽车的新能源需求量作为模糊变量，建立基于需求量随时间变动的新能源供给合作服务链模糊需求模型及利润模型，进一步，对新能源供给合作服务链中不同时间段各环节的最优契约数量及期望利润的变动进行剖析，促进服务链的协调，提高资源利用效率，增加新能源的有效需求量。

5.3.1　新能源供给的多主体合作服务链模糊需求模型

新能源汽车在缓解碳排放压力方面的作用已得到充分认可，但由于新能源汽车产业仍处于成长期，受到充电设施建设、充电便利性等因素的影响，需求与实际有效需求之间还存在较大偏差，给新能源供给环节的资源配置带来了较大难度。考虑到实际中的偏差情况，通常将变量设置为包含可能最小有效需求量、最可能的有效需求量及可能最大有效需求量的模糊集，在此模糊集下进行资源配置可降低服务链中的不协调问题。而三角模糊数即将不确定性变量转化有效模糊集的一种重要方法，可以将新能源供给中的实际有效需求设定为三角模糊数进行服务链契约研究，因此可假设新能源供给的有效需求量为三角模糊变量 $\tilde{S} = (s_1, s_2, s_3)$，其中 $s_1 < s_2 < s_3$，s_2 为三角模糊数的中心点，即新能源用户的需求量大约为 s_2，s_1 为最小需求量，s_3 为最大需求量；s_1，s_2，s_3 的具体取值通过数据收集与分析来估计。$\tilde{S}$ 的隶属度函数为

$$\mu_{\tilde{S}(x)} = \begin{cases} \dfrac{x-s_1}{s_2-s_1}, x \in [s_1, s_2] \\ \dfrac{s_3-x}{s_3-s_2}, x \in (s_2, s_3] \\ 0, x \notin [s_1, s_3] \end{cases}$$

对新能源的模糊需求 $\tilde{S}$ 取 λ 截集，可以表示为 $\tilde{S}_\lambda = [\tilde{S}_\lambda^L, \tilde{S}_\lambda^R]$，其中 $\tilde{S}_\lambda^L$，$\tilde{S}_\lambda^R$ 分别为 $\tilde{S}_\lambda$ 的左、右边界，则

$$\tilde{S}_\lambda^L = \inf\{x \in \mathbf{R} : \mu_{\tilde{S}(x)} \geqslant \lambda\} = L^{-1}(\lambda) = s_1 + (s_2 - s_1)\lambda$$

$$\tilde{S}_\lambda^R = \sup\{x \in \mathbf{R} : \mu_{\tilde{S}(x)} \geqslant \lambda\} = R^{-1}(\lambda) = s_3 - (s_3 - s_2)\lambda$$

因此，可以将新能源用户的期望模糊需求数量表示为

$$E(\tilde{S}) = \frac{1}{2} \int_0^1 (L^{-1}(\lambda) + R^{-1}(\lambda)) \mathrm{d}\lambda$$

5.3.2　新能源供给的多主体合作服务链利润模型

在实际的新能源供给中大多使用充电服务模式，换电模式占比较小，对整体服务链的利润影响不大，因此，本书暂时只对充电服务模式进行研究。为了能够清楚地描述所研究的问题，对本书所涉及的变量说明如下：

（1）电力供应商为充电桩运营商提供能源供给保证，为了确保能源供给安全有序运行，电力供应商需要进行线网改造、升压等投入，并且此投入不能一次性收回，只能要求充电桩运营商提供价格、数量契约，保证电力供应商的投入能在一定时间内收回。假设在建立充电基础设施前，充电桩运营商与电力供应商达成的契约价格为 p，契约数量为 q，且电力供应商向充电桩运营商收取的能源供应价格为 p_1。

（2）假定电力供应商向充电桩运营商采用相同的收费标准并且提供均质的能源供应服务，电力供应商为了保证契约数量的能源供给质量及稳定持续性需要投入的升压等固定成本为 c_{ef}，人力及维护等可变成本为 c_{ev}。

（3）充电桩运营商向终端用户提供能源供给收取的充电价格为 p_2，包括充电桩运营商收取充电服务费及代电力供应商收缴的能源供应费用。

（4）充电桩运营商给终端用户提供持续稳定的能源供给服务需要投入的充电基础设施建设等固定费用为 c_{cf}，运营管理等可变费用为 c_{cv}。

（5）终端用户使用传统能源的价格为 p_0，且满足关系式 $p_0 > p_2 > p_1$。

（6）终端用户选择其他能源补给方式（如家庭自建充电桩）的成本为 c_{uv}。

（7）终端用户是低碳排放拥护者，会考虑自身行为对碳排放减少的贡献；同时，终端用户也是理性经济人，既关注新能源使用成本，又希望将减少的碳排放进行交易，转换为自身的经济效益，假设单位新能源与传统能源相比的碳排放减少贡献值为 ξ。

（8）Fisker 已经宣布将"电动汽车续航超 800 千米，充电只要 1 分钟"专利技术进行实际应用，大众等众多车企均发布新技术突破，可实现充电 15~30 min 续航里程达 450~600 km。由此可见，随着充电技术的进步，新能源汽车的充电时间将不会成为影响消费需求，因此本书暂时不考虑充电时间对充电需求量的影响。

基于变量设置，电力供应商、充电桩运营商、终端用户及整个新能源供给合作服务链的利润分别为

$$\tilde{\Pi}_{ESE} = p_1 \cdot \min\{q, \tilde{S}\} - c_{ev} \cdot \min\{q, \tilde{S}\} - c_{ef} \cdot q$$

$$\tilde{\Pi}_{CPO} = p_2 \cdot \min\{q, \tilde{S}\} - (c_{cv} + p_1) \cdot \min\{q, \tilde{S}\} - c_{cf} \cdot q$$

$$\tilde{\Pi}_{users} = (p_0 - p_2) \cdot \min\{q, \tilde{S}\} - c_{uv} \cdot \tilde{S} + \xi \cdot q$$

$$\tilde{\Pi} = \tilde{\Pi}_{ESE} + \tilde{\Pi}_{CPO} + \tilde{\Pi}_{users}$$

根据新能源模糊需求 $\tilde{S}$ 与契约供给数量 q 之间的关系，可以分为以下两种情形。

情形一：

当 $q \in [s_1, s_2]$ 时，$\min\{q, \tilde{S}\}$ 的 λ 截集为

$$(\min\{q, \tilde{S}\})_\lambda = \begin{cases} [L^{-1}(\lambda), q], \lambda \in [0, L(q)] \\ [q, q], \lambda \in (L(q), 1) \end{cases}$$

此时，电力供应商的模糊期望利润为

$$E\left(\tilde{\Pi}_{\text{ESE}}\right) = p_1 \cdot E[\min\{q,\tilde{S}\}] - c_{\text{ev}} \cdot E[\min\{q,\tilde{S}\}] - c_{\text{ef}} \cdot q$$

$$= (p_1 - c_{\text{ev}}) \cdot \left[\frac{1}{2}\int_0^{L(q)} (L^{-1}(\lambda) + q)\mathrm{d}\lambda + \frac{1}{2}\int_{L(q)}^1 (q+q)\mathrm{d}\lambda\right] - c_{\text{ef}} \cdot q$$

电力供应商的模糊期望利润对 q 求二阶导数，得

$$\frac{\mathrm{d}^2 E\left(\tilde{\Pi}_{\text{ESE}}\right)}{\mathrm{d}q^2} = -\frac{1}{2}p_1 L'(q) < 0$$

因此，当 $q \in [s_1, s_2]$ 时，$E\left(\tilde{\Pi}_{\text{ESE}}\right)$ 是关于 q 的凹函数。

情形二：

当 $q \in (s_2, s_3]$ 时，$\min\{q,\tilde{S}\}$ 的 λ 截集为

$$(\min\{q,\tilde{S}\})_\lambda = \begin{cases} [L^{-1}(\lambda), q], \lambda \in [0, R(q)] \\ [L^{-1}(\lambda), R^{-1}(\lambda)], \lambda \in (R(q), 1] \end{cases}$$

此时，电力供应商的模糊期望利润为

$$E\left(\tilde{\Pi}_{\text{ESE}}\right) = p_1 \cdot E[\min\{q,\tilde{S}\}] - c_{\text{ev}} \cdot E[\min\{q,\tilde{S}\}] - c_{\text{ef}} \cdot q$$

$$= (p_1 - c_{\text{ev}}) \cdot \left[\frac{1}{2}\int_0^{R(q)} (L^{-1}(\lambda) + q)\mathrm{d}\lambda + \frac{1}{2}\int_{R(q)}^1 (q+q)\mathrm{d}\lambda\right] - c_{\text{ef}} \cdot q$$

电力供应商的模糊期望利润对 q 求二阶导数，得

$$\frac{\mathrm{d}^2 E\left(\tilde{\Pi}_{\text{ESE}}\right)}{\mathrm{d}q^2} = \frac{1}{2}p_1 R'(q) < 0$$

因此，当 $q \in [s_2, s_3]$ 时，$E\left(\tilde{\Pi}_{\text{ESE}}\right)$ 仍是关于 q 的凹函数。

综上可知，电力供应商的模糊期望利润为凹函数。根据电力供应商给充电桩运营商提供的能源供给价格，电力供应商的最优契约数量为

$$q_{\text{ESE}}^* = \begin{cases} L^{-1}\left[\dfrac{2(p_1 - c_{\text{ev}} - c_{\text{ef}})}{p_1 - c_{\text{ev}}}\right], q \in [s_1, s_2] \\ R^{-1}\left(\dfrac{2c_{\text{ef}}}{p_1 - c_{\text{ev}}}\right), q \in (s_2, s_3] \end{cases}$$

充电桩运营商服从理性经济人假设，以追求利润最大化为目标，同理，可以计算出充电桩运营商的模糊期望利润：

$$
E\left(\tilde{\Pi}_{\mathrm{CPO}}\right)=\begin{cases}
(p_2-p_1-c_{\mathrm{cv}})\cdot\left[\dfrac{1}{2}\displaystyle\int_0^{L(q)}(L^{-1}(\lambda)+q)\mathrm{d}\lambda+\dfrac{1}{2}\int_{L(q)}^1(q+q)\mathrm{d}\lambda\right]-\\
\qquad c_{\mathrm{cf}}\cdot q,q\in[s_1,s_2]\\
(p_2-p_1-c_{\mathrm{cv}})\cdot\left[\dfrac{1}{2}\displaystyle\int_0^{R(q)}(L^{-1}(\lambda)+q)\mathrm{d}\lambda+\dfrac{1}{2}\int_{R(q)}^1(L^{-1}(\lambda)+R^{-1}(\lambda))\mathrm{d}\lambda\right]-\\
\qquad c_{\mathrm{cf}}\cdot q,q\in(s_2,s_3]
\end{cases}
$$

充电桩运营商的模糊期望利润对 q 求二阶导数，得

$$
\frac{\mathrm{d}^2E\left(\tilde{\Pi}_{\mathrm{CPO}}\right)}{\mathrm{d}q^2}=\begin{cases}
-\dfrac{1}{2}(p_2-p_1-c_{\mathrm{cv}})L'(q)<0,q\in[s_1,s_2]\\
\dfrac{1}{2}(p_2-p_1-c_{\mathrm{cv}})R'(q)<0,q\in(s_2,s_3]
\end{cases}
$$

因此，充电桩运营商的模糊期望利润也为凹函数。

充电桩运营商的最优契约数量为

$$
q_{\mathrm{CPO}}^*=\begin{cases}
L^{-1}\left[\dfrac{2(p_2-p_1-c_{\mathrm{cv}}-c_{\mathrm{cf}})}{p_2-p_1-c_{\mathrm{cv}}}\right],q\in[s_1,s_2]\\
R^{-1}\left(\dfrac{2c_{\mathrm{cf}}}{p_2-p_1-c_{\mathrm{cv}}}\right),q\in(s_2,s_3]
\end{cases}
$$

终端用户作为新能源的直接消费者，是需求量的最终决定者。

当 $q\in[s_1,s_2]$ 时，终端用户的模糊期望利润为

$$
\begin{aligned}
E\left(\tilde{\Pi}_{\mathrm{users}}\right)&=(p_0-p_2)\cdot E[\min\{q,\tilde{S}\}]-c_{\mathrm{uv}}\cdot E[\tilde{S}]+\xi\cdot q\\
&=(p_0-p_2)\cdot\left[\frac{1}{2}\int_0^{L(q)}(L^{-1}(\lambda)+q)\mathrm{d}\lambda+\frac{1}{2}\int_{L(q)}^1(q+q)\mathrm{d}\lambda\right]-\\
&\quad c_{\mathrm{uv}}\cdot\left[\frac{1}{2}\int_0^1(L^{-1}(\lambda)+R^{-1}(\lambda))\mathrm{d}\lambda\right]+\xi\cdot q
\end{aligned}
$$

当 $q\in(s_2,s_3]$ 时，终端用户的模糊期望利润为

$$
E\left(\tilde{\Pi}_{\mathrm{users}}\right)=(p_0-p_2)\cdot E[\min\{q,\tilde{S}\}]-c_{\mathrm{uv}}\cdot E[\tilde{S}]+\xi\cdot q
$$

$$= (p_0 - p_2) \cdot \left[\frac{1}{2} \int_0^{R(q)} (L^{-1}(\lambda) + q) \mathrm{d}\lambda + \frac{1}{2} \int_{R(q)}^1 (q + q) \mathrm{d}\lambda \right] -$$

$$c_{\mathrm{uv}} \cdot \left[\frac{1}{2} \int_0^1 (L^{-1}(\lambda) + R^{-1}(\lambda)) \mathrm{d}\lambda \right] + \xi \cdot q$$

终端用户使用新能源的期望收益对 q 求二阶导数，得

$$\frac{\mathrm{d}^2 E\left(\tilde{\Pi}_{\mathrm{users}} \right)}{\mathrm{d}q^2} = \begin{cases} -\dfrac{1}{2}(p_0 - p_2)L'(q) < 0, q \in [s_1, s_2] \\ \dfrac{1}{2}(p_0 - p_2)R'(q) < 0, q \in (s_2, s_3] \end{cases}$$

因此，终端用户使用新能源的模糊期望收益也为凹函数。

终端用户的最优契约数量为

$$q_{\mathrm{users}}^* = \begin{cases} L^{-1}\left[\dfrac{2(p_0 - p_2 - \xi)}{p_0 - p_2} \right], q \in [s_1, s_2] \\ R^{-1}\left(\dfrac{2\xi}{p_0 - p_2} \right), q \in (s_2, s_3] \end{cases}$$

在新能源供给合作服务链运行模式下，终端用户作为新能源的直接消费者，是有效需求量的最终决定者，直接影响着自身、充电桩运营商及电力供应商的利润收益，因此，在终端用户最优决策条件下，终端用户、充电桩运营商及电力供应商的模糊期望利润分别为

$$E\left(\tilde{\Pi}_{\mathrm{users}} \right)^* = \begin{cases} (p_0 - p_2) \cdot \dfrac{1}{2} \int_0^{\frac{2(p_0 - p_2 - \xi)}{p_0 - p_2}} L^{-1}(\lambda) \mathrm{d}\lambda - c_{\mathrm{uv}} \cdot \left[\dfrac{1}{2} \int_0^1 (L^{-1}(\lambda) + R^{-1}(\lambda)) \mathrm{d}\lambda \right] + \\ \xi \cdot L^{-1}\left[\dfrac{2(p_0 - p_2 - \xi)}{p_0 - p_2} \right], q \in [s_1, s_2] \\ (p_0 - p_2) \cdot \dfrac{1}{2} \int_0^1 L^{-1}(\lambda) \mathrm{d}\lambda + (p_0 - p_2) \cdot \dfrac{1}{2} \int_{\frac{2\xi}{p_0 - p_2}}^1 R^{-1}(\lambda) \mathrm{d}\lambda - \\ c_{\mathrm{uv}} \cdot \left[\dfrac{1}{2} \int_0^1 (L^{-1}(\lambda) + R^{-1}(\lambda)) \mathrm{d}\lambda \right] + \xi \cdot R^{-1}\left(\dfrac{2\xi}{p_0 - p_2} \right), q \in (s_2, s_3] \end{cases}$$

$$E\left(\tilde{\Pi}_{\text{CPO}}\right)^* = \begin{cases} (p_2 - p_1 - c_{\text{cv}}) \cdot \left\{ \dfrac{1}{2} \displaystyle\int_0^{\frac{2(p_0 - p_2 - \xi)}{p_0 - p_2}} L^{-1}(\lambda)\mathrm{d}\lambda - \\[2mm] \dfrac{1}{2} L^{-1}\left[\dfrac{2(p_0 - p_2 - \xi)}{p_0 - p_2} \right] \cdot \dfrac{2(p_0 - p_2 - \xi)}{p_0 - p_2} + L^{-1}\left[\dfrac{2(p_0 - p_2 - \xi)}{p_0 - p_2} \right] \right\} - \\[3mm] c_{\text{cf}} \cdot L^{-1}\left[\dfrac{2(p_0 - p_2 - \xi)}{p_0 - p_2} \right], q \in [s_1, s_2] \\[4mm] (p_2 - p_1 - c_{\text{cv}}) \cdot \left\{ \dfrac{1}{2} \displaystyle\int_0^1 L^{-1}(\lambda)\mathrm{d}\lambda + \\[2mm] \dfrac{1}{2} R^{-1}\left(\dfrac{2\xi}{p_0 - p_2} \right) \cdot \dfrac{2\xi}{p_0 - p_2} + \dfrac{1}{2} \displaystyle\int_{\frac{2\xi}{p_0 - p_2}}^1 R^{-1}(\lambda)\mathrm{d}\lambda \right\} - \\[3mm] c_{\text{cf}} \cdot R^{-1}\left(\dfrac{2\xi}{p_0 - p_2} \right), q \in (s_2, s_3] \end{cases}$$

$$E\left(\tilde{\Pi}_{\text{ESE}}\right)^* = \begin{cases} (p_1 - c_{\text{ev}}) \cdot \left\{ \dfrac{1}{2} \displaystyle\int_0^{\frac{2(p_0 - p_2 - \xi)}{p_0 - p_2}} L^{-1}(\lambda)\mathrm{d}\lambda - \\[2mm] \dfrac{1}{2} L^{-1}\left[\dfrac{2(p_0 - p_2 - \xi)}{p_0 - p_2} \right] \cdot \dfrac{2(p_0 - p_2 - \xi)}{p_0 - p_2} + L^{-1}\left[\dfrac{2(p_0 - p_2 - \xi)}{p_0 - p_2} \right] \right\} - \\[3mm] c_{\text{ef}} \cdot L^{-1}\left[\dfrac{2(p_0 - p_2 - \xi)}{p_0 - p_2} \right], q \in [s_1, s_2] \\[4mm] (p_1 - c_{\text{ev}}) \cdot \left\{ \dfrac{1}{2} \displaystyle\int_0^1 L^{-1}(\lambda)\mathrm{d}\lambda + \\[2mm] \dfrac{1}{2} R^{-1}\left(\dfrac{2\xi}{p_0 - p_2} \right) \cdot \dfrac{2\xi}{p_0 - p_2} + \dfrac{1}{2} \displaystyle\int_{\frac{2\xi}{p_0 - p_2}}^1 R^{-1}(\lambda)\mathrm{d}\lambda \right\} - \\[3mm] c_{\text{ef}} \cdot R^{-1}\left(\dfrac{2\xi}{p_0 - p_2} \right), q \in (s_2, s_3] \end{cases}$$

当整个新能源供给合作服务链中的终端用户、充电桩运营商及电力供应商进行集中决策时，整个服务链的利润可以表示为

$$\tilde{\Pi} = (p_0 - c_{\text{ev}} - c_{\text{cv}}) \cdot \min\{q, \tilde{S}\} - (c_{\text{ef}} + c_{\text{cf}} - \xi) \cdot q - c_{\text{uv}} \cdot \tilde{S}$$

整个新能源供给合作服务链的模糊期望利润为

$$E\left(\tilde{\Pi}\right)=\begin{cases}(p_0-c_{\mathrm{ev}}-c_{\mathrm{cv}})\cdot\left\{\dfrac{1}{2}\displaystyle\int_0^{L(q)}(L^{-1}(\lambda)+q)\mathrm{d}\lambda+\dfrac{1}{2}\displaystyle\int_{L(q)}^1(q+q)\mathrm{d}\lambda\right\}- \\ (c_{\mathrm{ef}}+c_{\mathrm{cf}}-\xi)\cdot q+c_{\mathrm{uv}}\cdot\dfrac{1}{2}\displaystyle\int_0^1(L^{-1}(\lambda)+R^{-1}(\lambda))\mathrm{d}\lambda,q\in[s_1,s_2] \\ (p_0-c_{\mathrm{ev}}-c_{\mathrm{cv}})\cdot\left\{\dfrac{1}{2}\displaystyle\int_0^{R(q)}(L^{-1}(\lambda)+q)\mathrm{d}\lambda+\dfrac{1}{2}\displaystyle\int_{R(q)}^1(L^{-1}(\lambda)+R^{-1}(\lambda))\mathrm{d}\lambda\right\}- \\ (c_{\mathrm{ef}}+c_{\mathrm{cf}}-\xi)\cdot q+c_{\mathrm{uv}}\cdot\dfrac{1}{2}\displaystyle\int_0^1(L^{-1}(\lambda)+R^{-1}(\lambda))\mathrm{d}\lambda,q\in(s_2,s_3]\end{cases}$$

在这两种情形下，整个新能源供给合作服务链的模糊期望利润对 q 的二阶导数均小于零，且为凹函数，因此，可求得最优契约数量为

$$q^*=\begin{cases}L^{-1}\left[\dfrac{2(p_0-c_{\mathrm{ev}}-c_{\mathrm{cv}}-c_{\mathrm{ef}}-c_{\mathrm{cf}}+\xi)}{p_0-c_{\mathrm{ev}}-c_{\mathrm{cv}}}\right],q\in[s_1,s_2] \\ R^{-1}\left[\dfrac{2(c_{\mathrm{ef}}+c_{\mathrm{cf}}-\xi)}{p_0-c_{\mathrm{ev}}-c_{\mathrm{cv}}}\right],q\in(s_2,s_3]\end{cases}$$

5.4　新能源供给的多主体合作服务链动态决策模型

新能源供给单合作服务链中，电力供应商作为能源供给方占据主导地位，充电桩运营商依据电力供应商的决策再确定自身行动策略，因此可以运用 Stackelberg 博弈模型对双方的决策进行模拟。根据"5.3 新能源供给的多主体合作链式契约设计"的契约机制约定，研究 t 时点新能源供应需求量两部制动态定价条件下，考虑分散式和集中式两种决策情形下的服务链成员最优决策，并对这两种情形下的最优定价进行比较分析。

5.4.1　分散式动态决策模型

在分散式动态决策情形下，电力供应商和充电桩运营商都以自身利益最大化为目标，不考虑服务链整体利润和合作另一方的利润。在 t 时点，电力供应商和充电桩运营商的利润函数分别为

$$\pi_{\mathrm{M}}^{\mathrm{D}}=\left(w-\sum_{i=1}^n c_i^{\mathrm{M}}\right)\left(\alpha\int_0^t f(t)\mathrm{d}t-\beta p\right)$$

（5-1）

$$\pi_R^D = \left[p - \left(\sum_{j=1}^m c_j^R + w \right) \right] \left(\alpha \int_0^t f(t)\mathrm{d}t - \beta p \right)$$

$$(5-2)$$

根据逆向求解法的思路，先考虑充电桩运营商的利润最大化，对式（5-2）求 p 的一阶偏导数，得

$$\frac{\partial \pi_R^D}{\partial p} = \alpha \int_0^t f(t)\mathrm{d}t - 2\beta p + \beta \left(\sum_{j=1}^m c_j^R + w \right)$$

$$(5-3)$$

令 $\dfrac{\partial \pi_R^D}{\partial p} = 0$，分散式动态决策情形下充电桩运营商在 t 时点的最优定价为

$$p^{D*} = \frac{1}{2\beta} \left(\alpha \int_0^t f(t)\mathrm{d}t + \beta \sum_{j=1}^m c_j^R + \beta w \right)$$

$$(5-4)$$

将式（5-4）代入式（5-1），可得充电桩运营商在 t 时点的最优利润：

$$\pi_M^{D*} = \frac{1}{2} \left(w - \sum_{i=1}^n c_i^M \right) \left(\alpha \int_0^t f(t)\mathrm{d}t - \beta \sum_{j=1}^m c_j^R - \beta w \right)$$

$$(5-5)$$

对式（5-5）中 w 求一阶偏导数，得

$$\frac{\partial \pi_M^{D*}}{\partial w} = \frac{1}{2} \left(\alpha \int_0^t f(t)\mathrm{d}t - \beta \sum_{j=1}^m c_j^R - 2\beta w + \beta \sum_{i=1}^n c_i^M \right)$$

$$(5-6)$$

令 $\dfrac{\partial \pi_M^{D*}}{\partial w} = 0$，则分散式动态决策情形下电力供应商在 t 时点的最优能源供应价格为

$$w^{D*} = \frac{1}{2\beta} \left(\alpha \int_0^t f(t)\mathrm{d}t - \beta \sum_{j=1}^m c_j^R + \beta \sum_{i=1}^n c_i^M \right)$$

$$(5-7)$$

将式（5-7）代入式（5-4），可得充电桩运营商在 t 时点的最优定价：

$$p^{\mathrm{D}*}=\frac{1}{4\beta}\left(3\alpha\int_0^t f(t)\mathrm{d}t+\beta\sum_{j=1}^m c_j^{\mathrm{R}}+\beta\sum_{i=1}^n c_i^{\mathrm{M}}\right)$$

（5-8）

可计算出在 t 时点新能源需求量为

$$Q_t^{\mathrm{D}*}=\frac{1}{4}\left(\alpha\int_0^t f(t)\mathrm{d}t-\beta\sum_{j=1}^m c_j^{\mathrm{R}}-\beta\sum_{i=1}^n c_i^{\mathrm{M}}\right)$$

将式（5-7）、式（5-8）代入式（5-1）和式（5-2），分散式动态决策情形下电力供应商、充电桩运营商和新能源供给合作服务链整体的最大利润分别为

$$\pi_{\mathrm{M}}^{\mathrm{D}*}=\frac{1}{8\beta}\left(\alpha\int_0^t f(t)\mathrm{d}t-\beta\sum_{j=1}^m c_j^{\mathrm{R}}-\beta\sum_{i=1}^n c_i^{\mathrm{M}}\right)^2$$

（5-9）

$$\pi_{\mathrm{R}}^{\mathrm{D}*}=\frac{1}{16\beta}\left(\alpha\int_0^t f(t)\mathrm{d}t-\beta\sum_{j=1}^m c_j^{\mathrm{R}}-\beta\sum_{i=1}^n c_i^{\mathrm{M}}\right)^2$$

（5-10）

$$\pi^{\mathrm{D}*}=\frac{3}{16\beta}\left(\alpha\int_0^t f(t)\mathrm{d}t-\beta\sum_{j=1}^m c_j^{\mathrm{R}}-\beta\sum_{i=1}^n c_i^{\mathrm{M}}\right)^2$$

此时，充电桩运营商向终端用户收取的充电服务费最优值为

$$f^{\mathrm{D}*}=\frac{1}{4\beta}\left(\alpha\int_0^t f(t)\mathrm{d}t+3\beta\sum_{j=1}^m c_j^{\mathrm{R}}-\beta\sum_{i=1}^n c_i^{\mathrm{M}}\right)$$

5.4.2　集中式动态决策模型

集中式动态决策情形下，电力供应商和充电桩运营商视为一个合作的整体，两者都以新能源供给合作服务链的整体利润最大化为目标进行决策。在此情况下，在 t 时点电力供应商、充电桩运营商及新能源供给合作服务链整体的利润函数分别为

$$\pi_{\mathrm{M}} = \left(w - \sum_{i=1}^{n} c_i^{\mathrm{M}} \right) \left(\alpha \int_0^t f(t)\mathrm{d}t - \beta p \right)$$

$$(5\text{-}11)$$

$$\pi_{\mathrm{R}} = \left[p - \left(\sum_{j=1}^{m} c_j^{\mathrm{R}} + w \right) \right] \left(\alpha \int_0^t f(t)\mathrm{d}t - \beta p \right)$$

$$(5\text{-}12)$$

$$\pi = \left[p - \left(\sum_{i=1}^{n} c_i^{\mathrm{M}} + \sum_{j=1}^{m} c_j^{\mathrm{R}} \right) \right] \left(\alpha \int_0^t f(t)\mathrm{d}t - \beta p \right)$$

$$(5\text{-}13)$$

集中式动态决策情形下，考虑新能源供给合作服务链整体利润最大化，此时，对式（5-13）求 p 的一阶偏导数，得

$$\frac{\partial \pi}{\partial p} = \alpha \int_0^t f(t)\mathrm{d}t - 2\beta p + \beta \sum_{i=1}^{n} c_i^{\mathrm{M}} + \beta \sum_{j=1}^{m} c_j^{\mathrm{R}}$$

$$(5\text{-}14)$$

令 $\frac{\partial \pi}{\partial p} = 0$，集中式动态决策情形下新能源供给合作服务链中充电桩运营商在 t 时点的最优定价为

$$p^* = \frac{1}{2\beta} \left(\alpha \int_0^t f(t)\mathrm{d}t + \beta \sum_{j=1}^{m} c_j^{\mathrm{R}} + \beta \sum_{i=1}^{n} c_i^{\mathrm{M}} \right)$$

$$(5\text{-}15)$$

此时，在 t 时点新能源需求量为

$$Q_t^* = \frac{1}{2} \left(\alpha \int_0^t f(t)\mathrm{d}t - \beta \sum_{j=1}^{m} c_j^{\mathrm{R}} - \beta \sum_{i=1}^{n} c_i^{\mathrm{M}} \right)$$

将式（5-13）代入式（5-9）~式（5-11），集中式动态决策情形下电力供应商、充电桩运营商和新能源供给合作服务链整体的最大利润分别为

$$\pi_{\mathrm{M}}^* = \frac{1}{2} \left(w - \sum_{i=1}^{n} c_i^{\mathrm{M}} \right) \left(\alpha \int_0^t f(t)\mathrm{d}t - \beta \sum_{i=1}^{n} c_i^{\mathrm{M}} - \beta \sum_{j=1}^{m} c_j^{\mathrm{R}} \right)$$

$$(5\text{-}16)$$

$$\pi_{\mathrm{R}}^{*}=\frac{1}{4\beta}\left(\alpha\int_{0}^{t}f(t)\mathrm{d}t+\beta\sum_{i=1}^{n}c_{i}^{\mathrm{M}}-\beta\sum_{j=1}^{m}c_{j}^{\mathrm{R}}-2\beta w\right)$$
$$\left(\alpha\int_{0}^{t}f(t)\mathrm{d}t-\beta\sum_{i=1}^{n}c_{i}^{\mathrm{M}}-\beta\sum_{j=1}^{m}c_{j}^{\mathrm{R}}\right)$$

（5-17）

$$\pi^{*}=\frac{1}{4\beta}\left(\alpha\int_{0}^{t}f(t)\mathrm{d}t-\beta\sum_{j=1}^{m}c_{j}^{\mathrm{R}}-\beta\sum_{i=1}^{n}c_{i}^{\mathrm{M}}\right)^{2}$$

（5-18）

由于在集中式动态决策情形下，电力供应商和充电桩运营商视为一个整体，不能直接求得电力供应商向充电桩运营商收取的最优能源供应价格 w^{*}，运用 Shapley 值法[272]对该情形下的服务链整体利润进行合理分配后再加以确定。与分散式动态决策相比，可设电力供应商、充电桩运营商两个主体构成利益分享集合，则电力供应商最终分配的利润为

$$\pi_{\mathrm{M}}^{*\prime}=\frac{(1-1)!(2-1)!}{2!}\left(\pi_{\mathrm{M}}^{\mathrm{D}*}-0\right)+\frac{(2-1)!(2-1)!}{2!}\left(\pi^{*}-\pi_{\mathrm{R}}^{\mathrm{D}*}\right)$$
$$=\frac{1}{2}\pi_{\mathrm{M}}^{\mathrm{D}*}+\frac{1}{2}\left(\pi^{*}-\pi_{\mathrm{R}}^{\mathrm{D}*}\right)$$

（5-19）

充电桩运营商最终分配的利润为

$$\pi_{\mathrm{R}}^{*\prime}=\frac{(1-1)!(2-1)!}{2!}\left(\pi_{\mathrm{R}}^{\mathrm{D}*}-0\right)+\frac{(2-1)!(2-1)!}{2!}\left(\pi^{*}-\pi_{\mathrm{M}}^{\mathrm{D}*}\right)$$
$$=\frac{1}{2}\pi_{\mathrm{R}}^{\mathrm{D}*}+\frac{1}{2}\left(\pi^{*}-\pi_{\mathrm{M}}^{\mathrm{D}*}\right)$$

（5-20）

将式（5-9）、式（5-10）及式（5-18）代入式（5-19）、式（5-20），化简可得，运用 Shapley 值法对整体利益分配后的电力供应商和充电桩运营商所得的利润分别为

$$\pi_{\mathrm{M}}^{*\prime}=\frac{5}{32\beta}\left(\alpha\int_{0}^{t}f(t)\mathrm{d}t-\beta\sum_{i=1}^{n}c_{i}^{\mathrm{M}}-\beta\sum_{j=1}^{m}c_{j}^{\mathrm{R}}\right)^{2}$$

（5-21）

$$\pi_R^{*\prime} = \frac{3}{32\beta}\left(\alpha\int_0^t f(t)\mathrm{d}t - \beta\sum_{i=1}^n c_i^M - \beta\sum_{j=1}^m c_j^R\right)^2$$

（5-22）

式（5-21）、式（5-22）亦为集中式动态决策情形下电力供应商和充电桩运营商所得的最大利润，由此可判定式（5-21）、式（5-22）分别与式（5-16）、式（5-17）相等，可建立方程组，求得此情形下电力供应商向充电桩运营商收取的最优能源供应价格为

$$w^* = \frac{1}{16\beta}\left(5\alpha\int_0^t f(t)\mathrm{d}t - 5\beta\sum_{j=1}^m c_j^R + 11\beta\sum_{i=1}^n c_i^M\right)$$

此时，充电桩运营商向终端用户收取的充电服务费最优值为

$$f^* = \frac{1}{16\beta}\left(3\alpha\int_0^t f(t)\mathrm{d}t + 13\beta\sum_{j=1}^m c_j^R - 3\beta\sum_{i=1}^n c_i^M\right)$$

5.4.3 不同决策模型比较分析

上述分别对两种不同决策模型进行了详细分析，得出不同决策情形下电力供应商、充电桩运营商、新能源供给合作服务链利润及其他相关参数的值，各变量值对比如表 5-2 所示。

表 5-2 分散式和集中式动态决策模型 t 时点结果对比

	分散式动态决策	集中式动态决策
新能源的最优定价	$\dfrac{1}{4\beta}\left(3\alpha\int_0^t f(t)\mathrm{d}t + \beta\sum_{j=1}^m c_j^R + \beta\sum_{i=1}^n c_i^M\right)$	$\dfrac{1}{2\beta}\left(\alpha\int_0^t f(t)\mathrm{d}t + \beta\sum_{j=1}^m c_j^R + \beta\sum_{i=1}^n c_i^M\right)$
ESE的最优能源供应价格	$\dfrac{1}{2\beta}\left(\alpha\int_0^t f(t)\mathrm{d}t - \beta\sum_{j=1}^m c_j^R + \beta\sum_{i=1}^n c_i^M\right)$	$\dfrac{1}{16\beta}\left(5\alpha\int_0^t f(t)\mathrm{d}t - 5\beta\sum_{j=1}^m c_j^R + 11\beta\sum_{i=1}^n c_i^M\right)$
充电服务费最优值	$\dfrac{1}{4\beta}\left(\alpha\int_0^t f(t)\mathrm{d}t + 3\beta\sum_{j=1}^m c_j^R - \beta\sum_{i=1}^n c_i^M\right)$	$\dfrac{1}{16\beta}\left(3\alpha\int_0^t f(t)\mathrm{d}t + 13\beta\sum_{j=1}^m c_j^R - 3\beta\sum_{i=1}^n c_i^M\right)$

	分散式动态决策	集中式动态决策
新能源的需求量	$\dfrac{1}{4}\left(\alpha\displaystyle\int_0^t f(t)\mathrm{d}t - \beta\sum_{j=1}^{m} c_j^{\,\mathrm{R}} - \beta\sum_{i=1}^{n} c_i^{\,\mathrm{M}}\right)$	$\dfrac{1}{2}\left(\alpha\displaystyle\int_0^t f(t)\mathrm{d}t - \beta\sum_{j=1}^{m} c_j^{\,\mathrm{R}} - \beta\sum_{i=1}^{n} c_i^{\,\mathrm{M}}\right)$
ESE 利润	$\dfrac{1}{8\beta}\left(\alpha\displaystyle\int_0^t f(t)\mathrm{d}t - \beta\sum_{j=1}^{m} c_j^{\,\mathrm{R}} - \beta\sum_{i=1}^{n} c_i^{\,\mathrm{M}}\right)^2$	$\dfrac{5}{32\beta}\left(\alpha\displaystyle\int_0^t f(t)\mathrm{d}t - \beta\sum_{i=1}^{n} c_i^{\,\mathrm{M}} - \beta\sum_{j=1}^{m} c_j^{\,\mathrm{R}}\right)^2$
CPO 利润	$\dfrac{1}{16\beta}\left(\alpha\displaystyle\int_0^t f(t)\mathrm{d}t - \beta\sum_{j=1}^{m} c_j^{\,\mathrm{R}} - \beta\sum_{i=1}^{n} c_i^{\,\mathrm{M}}\right)^2$	$\dfrac{3}{32\beta}\left(\alpha\displaystyle\int_0^t f(t)\mathrm{d}t - \beta\sum_{i=1}^{n} c_i^{\,\mathrm{M}} - \beta\sum_{j=1}^{m} c_j^{\,\mathrm{R}}\right)^2$
新能源供给合作服务链整体利润	$\dfrac{3}{16\beta}\left(\alpha\displaystyle\int_0^t f(t)\mathrm{d}t - \beta\sum_{j=1}^{m} c_j^{\,\mathrm{R}} - \beta\sum_{i=1}^{n} c_i^{\,\mathrm{M}}\right)^2$	$\dfrac{1}{4\beta}\left(\alpha\displaystyle\int_0^t f(t)\mathrm{d}t - \beta\sum_{j=1}^{m} c_j^{\,\mathrm{R}} - \beta\sum_{i=1}^{n} c_i^{\,\mathrm{M}}\right)^2$

对表 5-2 中所列变量值做进一步分析，可得如下结论。

定理 1　集中式动态决策情形下，电力供应商、充电桩运营商的利润及新能源供给合作服务链整体利润都增加。

证明
$$\Delta\pi_{\mathrm{M}} = \frac{5}{32\beta}\left(\alpha\int_0^t f(t)\mathrm{d}t - \beta\sum_{i=1}^{n} c_i^{\,\mathrm{M}} - \beta\sum_{j=1}^{m} c_j^{\,\mathrm{R}}\right)^2 -$$
$$\frac{1}{8\beta}\left(\alpha\int_0^t f(t)\mathrm{d}t - \beta\sum_{i=1}^{n} c_i^{\,\mathrm{M}} - \beta\sum_{j=1}^{m} c_j^{\,\mathrm{R}}\right)^2$$
$$= \frac{1}{32\beta}\left(\alpha\int_0^t f(t)\mathrm{d}t - \beta\sum_{i=1}^{n} c_i^{\,\mathrm{M}} - \beta\sum_{j=1}^{m} c_j^{\,\mathrm{R}}\right)^2 > 0$$

同理可得

$$\Delta\pi_{\mathrm{R}} = \frac{1}{32\beta}\left(\alpha\int_0^t f(t)\mathrm{d}t - \beta\sum_{i=1}^{n} c_i^{\,\mathrm{M}} - \beta\sum_{j=1}^{m} c_j^{\,\mathrm{R}}\right)^2 > 0$$

$$\Delta\pi = \frac{1}{16\beta}\left(\alpha\int_0^t f(t)\mathrm{d}t - \beta\sum_{i=1}^{n} c_i^{\,\mathrm{M}} - \beta\sum_{j=1}^{m} c_j^{\,\mathrm{R}}\right)^2 > 0$$

由定理 1 可知，运用 Shapley 值法对集中式动态决策情形下新能源供给合作服务链整体利润进行合理分配后，电力供应商和充电桩运营商都会选择集中式动态决策而非分散式动态决策；集中式动态决策使新能源供给合作服务链整体利润增加，从而获得更高的竞争力，有利于服务链中成员的持续性合作，可有效促进新能源推广。

定理 2 当 $\alpha \int_0^t f(t)\mathrm{d}t > \beta\left(\sum_{j=1}^m c_j^{\mathrm{R}} + \sum_{i=1}^n c_i^{\mathrm{M}}\right)$ 时，集中式动态决策情形下的新能源最优定价、供应价格、充电服务费都比分散式动态决策情形下的低；而集中式动态决策情形下新能源需求量较分散式动态决策情形下的更高；此时，采用集中式动态决策更有利于新能源的推广。反之，则采用分散式动态决策更有利。

证明 当 $\alpha \int_0^t f(t)\mathrm{d}t > \beta\left(\sum_{j=1}^m c_j^{\mathrm{R}} + \sum_{i=1}^n c_i^{\mathrm{M}}\right)$ 时，

$$\Delta p = \frac{1}{4\beta}\left(\alpha \int_0^t f(t)\mathrm{d}t - \beta\sum_{j=1}^m c_j^{\mathrm{R}} - \beta\sum_{i=1}^n c_i^{\mathrm{M}}\right) > 0$$

同理可得

$$\Delta w = \frac{3}{16\beta}\left(\alpha \int_0^t f(t)\mathrm{d}t - \beta\sum_{j=1}^m c_j^{\mathrm{R}} - \beta\sum_{i=1}^n c_i^{\mathrm{M}}\right) > 0$$

$$\Delta f = \frac{1}{16\beta}\left(\alpha \int_0^t f(t)\mathrm{d}t - \beta\sum_{j=1}^m c_j^{\mathrm{R}} - \beta\sum_{i=1}^n c_i^{\mathrm{M}}\right) > 0$$

$$\Delta Q_t = -\frac{1}{4}\left(\alpha \int_0^t f(t)\mathrm{d}t - \beta\sum_{j=1}^m c_j^{\mathrm{R}} - \beta\sum_{i=1}^n c_i^{\mathrm{M}}\right) < 0$$

由定理 2 可知，仅当新能源汽车市场保有量与其期望系数的乘积大于电力供应商和充电桩运营商成本总额时，新能源汽车保有量越高，集中式动态决策中的新能源定价策略优势越显著，越有利于促进新能源需求的增长。反之，在条件不成熟时，采用分散式动态决策或加入一定外部手段（如政府补贴、或大幅降低电力供应商和充电桩运营商的成本、或投放广告获取收入等）的集中式动态决策才更有利。

5.5　案例分析

5.5.1　案例说明

为了进一步深入分析上述多级新能源供给合作服务链中不同新能源需求下电力供应商、充电桩运营商和终端用户的最优契约数量，以及整个服务链进行集中决策时最优契约数量，根据前瞻产业研究院发布的《新能源汽车行业市场前瞻与投资战略规划分析报告》中 2011—2018 年我国电动汽车历史销售数据，采用指数模型、多项式模型、幂函数模型等经典数据拟合与预测模型对 2011—2018 年新能源汽车累计保有量进行拟合，拟合优度对比如表 5-3 所示。

表 5-3　各种模型拟合优度对比

拟合模型	多项式	指数	幂函数	线性	对数
R^2	0.992 8	0.986 2	0.927 6	0.792 4	0.550 1

此外，将上述拟合度较高的多项式模型、指数模型、幂函数拟合模型与实际新能源汽车累计保有量真实数据进行误差对比分析以检查其预测精度及误差，从而有效保证新能源汽车在未来一段时间内（2019—2025 年）的累计保有量数据预测值及其预测精度，对比结果如表 5-4 所示。

表 5-4　各种模型预测值与实际新能源汽车累计保有量数据对比　　单位：万辆

拟合模型	2011	2012	2013	2014	2015	2016	2017	2018	2019
	0.815 9	2.095	3.859 2	11.605 5	42.205 5	92.275 5	168.785 5	271.765 5	344
多项式	11.490 5	6.825	7.027 5	10.883	46.906 5	101.043	173.292 5	263.655	372.130 5
指数	0.867 8	2.079 6	4.983 7	11.943 2	28.621 7	68.591 3	164.377 4	393.926 8	944.036 8
幂函数	0.369 6	2.859 4	89.463 4	78.22.122 4	142.744 65	73.215 16	115.400 5	171.152 3	242.309

由表 5-4 可知，多项式模型、指数模型、幂函数模型等经典模型虽较为简单，但作为经典的预测模型，仍具有较高的预测精度和可靠性。上述经典预测模型除了运用于新能源产业预测[273]外，也广泛应用于科研合作[274]、化工[275]等领域，其预测精度和可靠性得到了相关领域的广泛

认可，因此本书在预测新能源汽车销售数据时采用了上述方法。

在表 5-3 的五种方法中，多项式函数、指数函数和幂函数的 R^2 均大于 0.9，拟合效果良好，可用于下一步的预测。将三种方法的拟合数据与 2011—2018 年的实际数据进行比较，对比结果如表 5-5 所示。

表 5-5　模型拟合值与实际值对比

时间	销量	累计保有量	多项式		指数		幂函数	
			拟合值	误差值	拟合值	误差值	拟合值	误差值
2011	0.82	0.82	11.49	10.67	0.87	0.05	0.37	− 0.45
2012	1.28	2.10	− 6.83	− 8.92	2.08	− 0.02	2.86	0.76
2013	1.76	3.86	− 7.03	− 10.89	4.98	1.12	9.46	5.60
2014	7.75	11.61	10.88	− 0.72	11.94	0.34	22.12	10.52
2015	30.60	42.21	46.91	4.70	28.62	− 13.58	42.74	0.54
2016	50.07	92.28	101.04	8.77	68.59	− 23.68	73.22	− 19.06
2017	76.51	168.79	173.29	4.51	164.38	− 4.41	115.40	− 53.38
2018	102.98	271.77	263.66	− 8.11	393.93	122.16	171.15	− 100.61

进一步，相较于其他拟合模型，多项式模型拟合优度最为理想，其拟合优度 R^2=0.992 8 且 F 检验结果为 0.992 6，拟合曲线如图 5-2 所示。基于多项式模型预测 2019—2025 年新能源汽车保有量，可确保预测结果较其他模型更为准确。

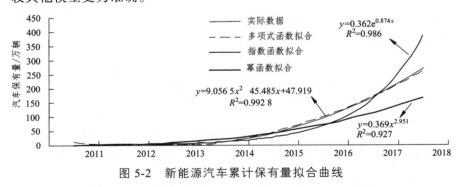

图 5-2　新能源汽车累计保有量拟合曲线

从表 5-5 和图 5-2 可以看出，多项式函数与 2011—2013 年的实际数据相差不大，而与 2014—2018 年的差异较小，反映了我国电动汽车的长远发展趋势。虽然 2011—2013 年指数函数和幂函数的差异很小，但 2014 年和 2018 年之间的差异很大，这与实际情况有很大不同。因此，本研究采用多项式函数对我国能源汽车库存进行预测。

由于私家车取消了强制报废年限，为了便于模型计算及研究，本书拟选取以往非营小汽车的使用年限 15 年为周期进行计算[276]，假设到达使用年限后再退出使用，取 $t \in (0,15]$，并以 95% 的置信度预测 2025 年前的新能源汽车累计保有量，如图 5-3 所示。

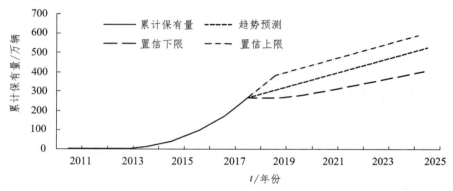

图 5-3　新能源汽车累计保有量预测

依据图 5-3 中对新能源汽车累计保有量的预测，按照每辆汽车的年平均行驶需求里程为 1.5 万千米进行计算[277]，新能源汽车的百公里平均耗电量为 16 kW·h（以北汽 E150EV 电动汽车为例）[278]，可推算出我国新能源模糊需求量，如表 5-6 所示。

表 5-6　全国新能源汽车充电量模糊需求量

模糊需求量	2019 年	2020 年	2021 年	2022 年	2023 年	2024 年	2025 年
$\tilde{S} = (s_1, s_2, s_3)$ (GW·h)	（63.40，73.87，84.34）	（67.72，82.51，97.31）	（73.04，91.16，109.28）	（78.87，99.81，120.74）	（85.04，108.45，131.87）	（91.44，117.10，142.76）	（98.01，125.74，153.47）

高工产研锂电池研究所（GGII）提供的数据显示，2018 年我国新能源汽车动力电池的装机总量为 56.89 GW·h，由于我国电动汽车免购置税政策延续至 2020 年，预计至 2020 年新能源需求量增长率可达 20%，

其后增速放缓，假定其年增长率为 10%[142]，则我国电动汽车能源需求量如表 5-7 所示。

表 5-7 全国新能源汽车充电需求量

需求量	2019 年	2020 年	2021 年	2022 年	2023 年	2024 年	2025 年
q/GW·h	68.40	82.08	90.29	99.32	109.25	120.17	132.19

目前主流的充电桩充电价格为 1.6 ~ 1.8 元/kW·h[279]，相较而言，传统排量为 1.6L 的燃油汽车市区内百公里平均耗油量为 9L[277]，汽油的价格约 7 元/L，燃烧 1L 汽油排放 1.69 kg 二氧化碳[280]，最新的碳交易价格约为 70 元/t[281]；为了便于计算，特将各变量取值单位统一转化为元/kW·h，具体如表 5-8 所示。

表 5-8 新能源供给合作服务链各变量单位成本

变量	p_0	p_1	p_2	ξ	c_{ev}	c_{ef}	c_{cv}	c_{cf}	c_{uv}
取值/(元/kW·h)	2.1	0.78	1.7	0.08	0.14	0.22	0.16	0.24	0.6

依据表 5-8、表 5-9 中各变量取值，分别计算电力供应商、充电桩运营商及终端用户的契约数量与利润，随着新能源需求量的变化，电力供应商、充电桩运营商及终端用户的最优契约数量及模糊期望利润也发生变化，结果如表 5-9 所示。

表 5-9 需求量与最优契约数量关系

变量	单位	2019 年	2020 年	2021 年	2022 年	2023 年	2024 年	2025 年
q	GW·h	68.40	82.08	90.29	99.32	109.25	120.17	132.19
q^*_{ESE}	GW·h	77.14	91.07	96.82	106.35	115.77	125.12	134.41
q^*_{CPO}	GW·h	77.73	92.06	97.84	107.52	117.08	126.55	135.96
q^*_{users}	GW·h	80.15	96.18	102.03	112.37	122.50	132.50	142.38
q^*	GW·h	79.92	95.79	101.63	111.91	121.98	131.93	141.76

续表

变量	单位	2019 年	2020 年	2021 年	2022 年	2023 年	2024 年	2025 年
$E\left(\tilde{\Pi}_{\text{users}}\right)^{*}$	1×10^{6} 元	4.93	5.48	6.05	6.62	7.19	7.76	4.68
$E\left(\tilde{\Pi}_{\text{CPO}}\right)^{*}$	1×10^{6} 元	24.53	29.50	29.28	31.98	34.71	37.47	40.26
$E\left(\tilde{\Pi}_{\text{ESE}}\right)^{*}$	1×10^{6} 元	19.61	23.55	23.22	25.34	27.51	29.70	31.91

5.5.2　结果分析

为了更直观地反映新能源需求量变化对服务链各主体契约数量及期望利润的影响，现从新能源需求量与服务链各主体最优契约数量变化、新能源需求量与服务链各主体期望利润变化两个方面进行详细分析。

1）新能源需求量与服务链各主体最优契约数量的变化

如图 5-4 所示，随着新能源有效需求量的增加，服务链中各参与主体的最优契约数量发生变化，且电力供应商、充电桩运营商、终端用户的最优契约数量逐级增大，最终，终端用户的最优契约数量与整个服务链进行集中决策时最优契约数量基本一致。依据此种情形，最终契约数量稍高于需求量，可以有效促进新能源有效需求量的增长，有利于促进新能源的进一步推广，符合我国关于新能源发展的战略规划。

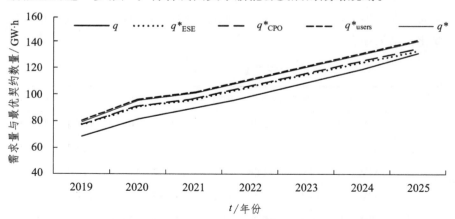

图 5-4　新能源需求量与服务链各主体最优契约数量对比图

我国新能源汽车市场培育期始于小型示范项目（如公共交通领域的运用等），其间新能源需求量与整个服务链的最优数量相差较大，主要依靠政府政策及资金扶持推动其发展。随着新能源汽车产业的发展，较之于早期的市场培育阶段，政府的产业支持政策重点也从技术研发与投入转向市场扩大[282]；而双积分政策的执行也使车企向新能源汽车业务投入更多资源促使其发展。在此阶段，新能源汽车保有量逐步增加，需求增长加快，逐渐逼近于整个服务链的最优契约数量。此时，补贴政策退坡、税收减免政策阶段式退出，充电设施建设与布局不断完善，服务链各主体趋向市场化运行，能得到终端用户认可的新能源供给运营成为扩大新能源汽车市场份额、增加新能源有效需求的重要手段之一。与此同时，反映到终端用户层面，其对于新能源的认可程度是渐进的，且这一过程与产业发展成熟度的提升以及充电基础设施完备程度呈现较强的同步性，因此，充电便利性成为影响新能源发展速度及规模的重要影响因素。

2019 年车市虽整体增长乏力，但 1—8 月与 2018 年同期相比，新能源汽车销量仍实现 32.0%的增幅，达 79.3 万辆，成为车市增长的主要动力之一。在产业政策扶持、财政补贴等政策驱动影响逐渐消退的情况下，通过市场驱动（如完善充电基础设施建设、加强新能源服务链各利益主体的互联互通等）释放消费者被压制的新能源汽车需求是保证新能源汽车行业持续快速发展的关键。为了完善新能源汽车充电基础设施建设，国家相关部委连续下发文件，要求加快补齐新能源汽车充电设施的建设短板[283]，构建便利高效、适度超前的充电网络体系建设[284]，推进高速公路服务区充电服务设施建设，促进新能源汽车市场规模进一步攀升。

2）新能源需求量与服务链各主体期望利润的变化

图 5-5 为新能源供给合作服务链中电力供应商、充电桩运营商及终端用户的模糊期望利润示意图，各参与主体的模糊期望利润呈增长态势，终端用户的增长幅度明显小于其他主体。在新能源供给服务链中，电力供应商、充电桩运营商的前期投入较大，二者的模糊期望利润亦明显大于终端用户；充电桩运营商负责实际的能源供给服务，其群体数量远大

于电力供应商，与需求量的提升有密切作用，因此，充电桩运营商的模糊期望利润高于电力供应商。对于终端用户而言，其模糊期望利润呈现缓步上升后又下降的态势。

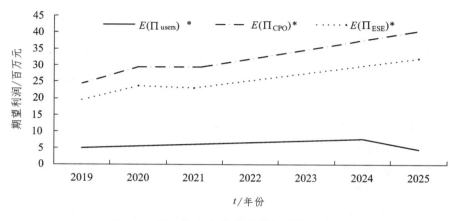

图 5-5　服务链各主体模糊期望利润示意图

　　新能源供应基础设施建设取得显著成效，我国已成为全球充电桩保有量最多的国家[285]。在此情况下，电力供应商与充电桩运营商的建设投入减少，而随着新能源汽车产业的不断发展，能源需求的快速增长，其利润亦可实现稳步增长。然而，对于终端用户期望利润增长后又下降的现象，这可能与以下方面因素相关。首先，与需求量总量变化有关。现有服务链能在一定程度上满足终端用户的需求，但当需求量超过一定阈值时，服务链的规模及运营模式需要进一步提升，否则需求无法被满足或服务体验较差的终端用户可能会转向其他的新能源供给方式（如自建家用充电桩）来保证自身的新能源需求。其次，随着动力电池技术的不断升级，高能量密度已成为不可逆转的趋势，原有终端用户的充电总需求因技术进步而减少，潜在新能源汽车需求尚未得到充分释放。对此，各相关部门制定针对性的政策并强调新能源汽车处在市场和产业结构的调整期更要重点调结构、提品质，延续新能源汽车长期向好的发展态势。进一步，通过多种措施科学引导传统燃油汽车转型升级，实现车市消费结构的协调发展和平稳转换。最后，随着全球碳排放交易机制的深入推进，以及我国新能源汽车双积分政策改革的进一步落实，新能源汽车领域碳交易价格将呈现明显的上涨趋势[286]，由此带来基于碳交易价格上涨的溢出收益。限于本书研究主题和篇幅，未做深入探讨和考虑。

以中型充电站的建设及运营成本为例进行测算，电力供应商提供超出原负荷能源供应的最大负荷提升成本 c_1^M，能源供给线网改造费用 c_2^M，能源流量成本 c_3^M，管理费用 c_4^M；充电桩运营商提供能源供给服务的充电桩购置、安装、场地改造等建设成本 c_1^R，由于充电站运营折旧费 c_2^R，人工成本 c_3^R，维护费用 c_4^R，管理费用 c_5^R，财务费用 c_6^R，具体成本数据详见表 5-10[22]。

表 5-10 中型充电站建设及年运营成本

承担方	项目及费用
ESE 承担的成本	c_1^M=262.32万元， c_2^M=64.58万元 c_3^M=0.2元/(kW·h)， c_4^M=8.26万元
CPO 承担的成本	c_1^R=550.64万元， c_2^R=55.06万元 c_3^R=84.74万元， c_4^R=19.28万元 c_5^R=9.64万元， c_7^R=20.06万元

假定 $\varepsilon=0.6$、$\eta=0.4$，依据表 5-2 中不同动态决策模型 t 时点结果对比值，可得如图 5-6、图 5-7 所示的不同决策模型中各项取值随时间 t 的变化曲线，对其进行仔细分析，可以得出以下结论。

（1）如图 5-6 所示，集中式动态决策与分散式动态决策相比，电力供应商、充电桩运营商、服务链整体利润都优于分散式动态决策；具体来讲，电力供应商、充电桩运营商利润随时间变化的幅度基本一致，而服务链整体利润变化幅度小于电力供应商、充电桩运营商；三种利润的差值都是随时间先变小再变大，到达拐点后，集中式动态决策的优势凸显。说明在新能源汽车发展的不同阶段，集中式动态决策对电力供应商、充电桩运营商及服务链整体利润的优势显著程度不同；在不同种类的利润变化上亦表现出不同的效果；新能源汽车保有量越大，集中式动态决策的优势越显著。

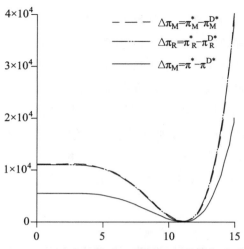

图 5-6　不同决策模式下利润水平随时间变化

（2）从图 5-7 中可知，在前期市场推广阶段新能源汽车整体保有量较小，集中式动态决策下新能源需求反而低于分散式动态决策，此时需要使用外部手段（如政府补贴等）加强对新能源需求的刺激；但随着保有量的增长，集中式动态决策对能源需求量增长的促进效果显著。集中式动态决策下新能源及充电服务费定价高于分散式动态决策，随着时间的推移，差值逐渐变小，最终保有量增长使集中式动态决策的定价优势不断增大，此时，集中式动态决策更有利于新能源汽车的推广。说明新能源汽车发展初期，对于新能源供应及充电服务费定价而言，分散式动态决策对终端消费者更为有利，但随着新能源汽车保有量增加，优势不断减小，直至保有量到达一个临界值时，集中式动态决策的优势完全显现出来；在新能源需求差距变化上的表现亦是如此。

（3）若在新能源汽车保有量较低的前期阶段采用分散式动态决策，政府需要在服务链前端电力供应商及充电桩运营商予以补贴或采取其他调控手段，以使其保持稳定可持续的能源供给服务。从长期发展而言，无论是电力供应商、充电桩运营商，还是终端消费者，都趋向集中式动态决策下的定价机制；在新能源汽车保有量有限的前期发展阶段，政府则通过购车补贴、免收充电服务费、免费充电等措施降低定价。

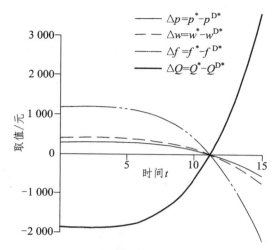

图 5-7 不同决策模式下其余各项取值随时间变化

5.6 本章小结

本章从供应链角度，以"服务链"理论为依据，针对供给端不同电力供应商、运营端不同充电桩运营商及消费端终端用户的多主体之间由需求信息传递时延导致三者构成的新能源供给多主体合作服务链上下游信息不对称、实际建设与终端消费需求难以协调一致的状况，构建多级新能源供给多主体合作服务链，以新能源汽车的新能源供给需求量作为模糊变量，建立基于需求量随时间变动的新能源供给多主体合作服务链模糊需求模型及利润模型，设计新能源供给多主体合作服务链契约以消除由需求信息传递时延导致三者构成的多级服务链上下游信息不对称以增强其持续协调性；在服务链协调的基础上，基于经典 Stackelberg 博弈模型，建立多级新能源供给多主体合作服务链中各主体间的分散式和集中式动态决策模型，依据新能源终端用户付费结构，分别确定不同决策模式下新能源供给多主体合作的两部制动态定价，研究不同决策模式在新能源供给不同需求阶段对动态定价策略的影响，结合服务链实际运行情况进行案例研究，制定有利于促进新能源需求增长的新能源供给多主体合作定价策略。

第 6 章

非均衡空间下新能源供给的

多主体合作布局策略研究

6.1 引　言

有限续航能力伴随的里程焦虑始终是影响新能源汽车进一步推广的首要因素和最重要因素。据权威数据统计，目前市场上大部分电动汽车满电状态下续航里程仅为 200～300 km[218]，受此制约，消费者多将其定位为市区短距离通勤工具，而中长距离出行则受制于充电设施的覆盖度。随着充电设施建设作为"新基建"重要领域被写入《2020 年政府工作报告》，以充电桩为代表的新能源汽车运营端基础设施的科学配置问题得到了政商学界的高度重视，这对提升新能源汽车渗透率、改善通勤驾乘结构，真正实现交通出行绿色化、低碳化起着决定性作用。鉴于充电设施建设存在先期风险与沉没成本，而保持与用户量同步提升下的分阶段有序建设，并实现区域内充电站递阶延时布局优化将成为有效实施新基建的关键。

本章针对市区周边通过绕城高速或城际高速的中长距离出行需求，在考虑新能源汽车续航能力约束的前提下，以消费端终端用户实际需求为依据，在资源有效配置基础上最大限度地满足消费者充电需求，建立一个规划周期内多阶段的递阶延时充电站布局规划模型，以最大限度地覆盖总的交通需求、有效节约投资成本，并以重庆高速公路交通出行需求为例进行模型求解、投资比较，以期为类似地区开展充电设施建设提供参考。

6.2 基本问题及模型描述

6.2.1 递阶延时布局的特征

递阶延时布局在考虑续航里程的基础上，以交通流量覆盖度最大化、布局密度与投资最小化为原则，通过对路网车流量统计及出行距离的分析，进行充电站的多阶分布选址；在紧后阶段中依据对车流量及出行距离的预测，在已有布局的基础上进行本阶段的充电站选址。递阶延时布局如图 6-1 所示。

归纳起来递阶延时布局有以下三个特征：

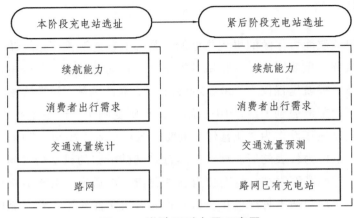

图 6-1 递阶延时布局示意图

（1）在空间维，以续航能力为半径的邻域衔接覆盖性。在电动汽车起始点和目的点至少需要保持一半的电能，以确保能顺利完成行程，即进行分阶段布局时需要以已有充电站为圆心、以续航能力为半径进行领域衔接搜索，以最大限度地覆盖交通流。

（2）在时间维，随交通流密度的双螺旋同步增长性。充电站布局数量与电动汽车流量增长正相关，随着阶段发展，电动汽车用户增加、出行频率及出行距离增加将使充电站布局数量增加，二者相互促进，将呈现双螺旋同步增长态势。

（3）在投资维，提高公共资源配置的有效性。若不考虑递阶延时布局，同期同域均质化布局所有充电站，不仅需要巨额投资，而且易导致充电设施资源的利用率不均衡、资金浪费与回收期严重迟滞等问题。空间维以续航能力为半径的邻域衔接覆盖最大化、时间维随交通流密度的双螺旋同步增长的递阶延时布局，可有效降低前期投入成本的同时，提升充电设施的可满足性和日常出行可达性。

6.2.2 基本模型

以 Mir Hassani 等[223]提出的截流选址模型网络扩展方法为基础，设电动汽车的最大续航里程为 R；假定路网中每个起始点和目的点对（即 O-D 对）都存在唯一的最短路径，且驾驶员总是按照最短路径行驶。与每个最短路径相关联的是出行需求、交通流量和 O-D 对。当电动汽车的行驶路径经过路网中的充电站时，我们认为该路径被充电站覆盖，而在被充电站覆盖的路径上行驶的电动汽车数量则是流量。本书拟定路网中电动汽车用户均使用快速充电技术且充电站无用户数量限制。为了更好地对模型进行表述，特将本章涉及的变量及含义列出，如表 6-1 所示。

表 6-1 本章变量及含义汇总

序号	变量名	具体含义
1	R	电动汽车的最大续航里程
2	Q	所有候选路径集合
3	Q_i	经过节点 i 的所有路径集合
4	$d_q(i,j)$	路径 q 上的任意两个节点 i 和 j 之间的距离
5	$ord_q(i)$	节点 i 在路径 q 中的排序指数
6	N^q	路径 q 的所有节点集
7	A^q	路径 q 的所有弧集
8	$G(N^q, A^q)$	路径 q 组成的道路网络
9	$\hat{N}^q$	扩展网络中路径 q 的所有节点集
10	$\hat{A}^q$	扩展网络中路径 q 的所有弧集
11	$\overline{A}^q$	带有扩展弧的扩展网络中的路径 q 的弧集
12	f^q	路径 q 的行驶需求
13	y_i	0-1 变量，取值为 1 表示节点 i 存在充电设施，否则取值为 0
14	χ_{ij}^q	路径 q 中弧 (i,j) 的流量

假设道路网络中任意路径 q 上的任意两个连续的节点 i 和 j 的距离 $d_q(i,j) \leqslant R$；若 $d_q(i,j) > R$，则需要在弧上添加节点。

当行驶里程超过满电时的续航里程，需要在起始点和目的点中添加新的节点，使行驶距离小于最大续航里程。因此需要考虑电动汽车往返路程而不仅仅是单向行驶，如果只考虑单向行驶，只要起始点和目的点的距离不大于最大续航里程都可以顺利完成行程，而当考虑往返路程时，电动汽车不一定能在电能耗尽时返回，若此时起始点和目的点之间某合适的节点处建设充电站，使得该节点与起始点和目的点间的往返距离均不大于最大续航里程。如果起始点有充电站，那么电动汽车最开始的电能可以达到 100%；如果没有充电站，假设以一半的电能从起始点开始沿路径行驶至充电站而不会耗尽电能，就可以顺利从充电站返回起始点，且电能消耗不超过一半。假设电动汽车电量消耗与行驶距离最为相关[287]，为保证通勤人员实现安全往返，起始点与目的点需要保持一半及以上的电能，即在起始点和目的点的 $\frac{1}{2}R$ 距离内须至少有一个充电站。

通过在实际路网中加入源节点和汇聚节点及其虚弧，构建路网 Q 的扩展网络，用 $G(\hat{N}^q, \hat{A}^q)$ 表示，其中 $\hat{N}^q$ 是节点集；$\hat{A}^q$ 是扩展网络中的弧集合。构建扩展路网的步骤如下：

Step 1：在起始点 O 前添加源节点 s 并形成连接两个节点的扩展弧 (s, O)，在目的点后添加汇聚节点 k 并形成弧 (D, k)，如图 6-2 所示。

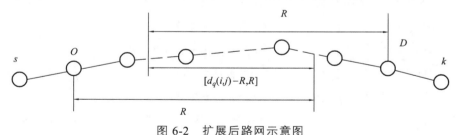

图 6-2　扩展后路网示意图

它们之间的关系可以表示为

$$\hat{N}^q = N^q \bigcup \{s, k\}$$
$$\hat{A}^q = A^q \bigcup \{(s, O), (D, k)\}$$

Step 2：将源节点 s 连接到路径 q 中任何任意节点 i，通过添加扩展弧 (s,i)，若从起始点 O 在电池只有一半电能的情况下可以达到节点 i。用关系式可表示为

当 $d_q(O,i) \leqslant \dfrac{R}{2}, \forall i \in N^q$ 时， $(s,i) \in \hat{A}^q$

Step 3：将汇聚节点 k 连接到路径 q 中任何任意节点 j，通过添加扩展弧 (j,k)，若从目的点 D 在电池只有一半电能的情况下可以达到节点 j。用关系式可表示为

当 $d_q(j,D) \leqslant \dfrac{R}{2}, \forall j \in N^q$ 时， $(j,k) \in \hat{A}^q$

Step 4：连接路径 q 中任何两个节点 i， j，且节点 i 的排序指数小于节点 j，而电动汽车能在满电状态下由节点 i 达到节点 j。用关系式可表示为

当 $\begin{cases} d_q(i,j) \leqslant R \\ ord_q(i) < ord_q(j) \end{cases}, \forall (i,j) \in N^q$ 时， $(i,j) \in \hat{A}^q$

扩展后的网络用 $G(\hat{N}^q, \hat{A}^q)$ 表示，且满足 $\hat{N} = \bigcup\limits_{q \in Q} \hat{N}^q$ 和 $\hat{A} = \bigcup\limits_{q \in Q} \hat{A}^q$，其中 Q 是所有候选路径的集合。此时引入变量 $y_i \in \{0,1\}$，若在节点 i 设置充电站，$y_i = 1$；否则 $y_i = 0$。路径 q 形成的弧 $(i,j) \in \hat{A}^q$ 的流量表示为 χ_{ij}^q。

为了制定最优的充电站选址规划以最大限度地覆盖总流量，对于每一路径 q，引入直接连接源点 s 和汇聚点 k 的扩展弧 (s,k)。引入新的弧集 $\bar{A}$，满足 $\bar{A} = \{(s,k)\} \cup \hat{A}$。若扩展弧 (s,k) 的流量 $\chi_{sk}^q = 0$，此时路径 q 已被覆盖；反之，若 $\chi_{sk}^q = 1$，此时路径 q 未被覆盖。此外，对扩展的路网添加新的约束，即

$$\sum_{i \in N} y_i = m$$

其中，m 是建设充电站的总数量。因此，可将此截流选址模型表示如下：

$$\text{FRLM}(m; y_i^{\text{L}}; y_i^{\text{U}}): \max Z = \sum_{q \in Q} f_q (1 - \chi_{ij}^q)$$

$$\text{s.t.} \begin{cases} \displaystyle\sum_{\{j|(i,j)\in\overline{A}^q\}} \chi_{ij}^q - \sum_{\{j|(j,i)\in\overline{A}^q\}} \chi_{ji}^q = \begin{cases} 1, i = s^q \\ -1, i = k^q \\ 0, i \neq s^q, k^q \end{cases}, \forall q \in Q, \forall i \in \hat{N}^q \\[4mm] \displaystyle\sum_{\{j|(j,i)\in\overline{A}^q\}} \chi_{ji}^q \leqslant y_i, \quad \forall q \in Q, i \in N^q \\[4mm] \displaystyle\sum_{i \in N} y_i = m \\[2mm] \chi_{ij}^q \geqslant 0, \quad \forall q \in Q, (i,j) \in \overline{A}^q \\[2mm] y_i \in \{0,1\}, \quad \forall i \in \mathbf{N} \\[2mm] y_i^{\text{L}} \leqslant y_i \leqslant y_i^{\text{U}}, \quad \forall i \in \mathbf{N} \end{cases}$$

其中，f^q 表示路径 q 的行驶需求。对于已有充电站的任意节点 i，令 $y_i^{\text{L}} = y_i^{\text{U}} = 1$；对于未选择建设充电站的节点 i，令 $y_i^{\text{L}} = y_i^{\text{U}} = 0$；对于其他不确定的节点 i，则令 $y_i^{\text{L}} = 0$，$y_i^{\text{U}} = 1$。用此目标函数量化被充电站所覆盖路径的总流量。

6.3　多主体合作的递阶延时布局优化模型

6.3.1　模型构建

本书以中长距离出行需求为研究对象，旨在考虑新能源汽车续航能力的前提下，以扩展的截流选址模型为基础，构建一个充电站递阶延时布局规划，即在给定建设充电站总数量的前提下按照时间阶段的推移而逐步建设，以便最大限度地覆盖整个区域范围内的总流量，并有效节约投资、提高资源配置效率。

以扩展的截流选址模型为基础建立充电站多周期递阶延时布局模型。首先，确定建立时间阶段变量 $t \in \mathcal{T}$，$\mathcal{T} = \{1, 2, \cdots, T\}$，$T$ 代表最后一个阶段。用向量 $\boldsymbol{n} = \{n_1, n_2, \cdots, n_T\}^{\text{T}}$（上标 T 表示转置）表示对应阶段的充电站总数量，n_1 表示第一阶段内充电桩给定数量，n_2 表示第二阶段内充电桩的总数量，那么 $n_2 - n_1$ 则表示第二阶段新建的充电桩数量，$n_3 - n_2$ 则

表示第三阶段新建的充电桩数量,依次类推。引入二进制变量 y_i^τ 及约束:

$$y_i^\tau \geqslant y_i^t (\tau = t+1, \cdots, T), \quad \forall t \in \mathcal{T}$$

上式表示如果某个节点 i 在 t 阶段建立了充电站,则它必须保持运行直到最后。因此可得出以下关系式:

$$\sum_{i \in \mathbf{N}} y_i^t = n_t, \forall t \in \mathcal{T}$$

此外,引入与时间阶段相关的交通流量增长参数 f_q^t,建立目标函数为

$$\max Z = \sum_{t \in \mathcal{T}} \sum_{q \in Q} f_q^t (1 - \chi_{ij}^{qt})$$

综上,多阶段充电站规划模型可以表示为

$$\max Z = \sum_{t \in \mathcal{T}} \sum_{q \in Q} f_q^t (1 - \chi_{ij}^{qt})$$

$$\text{s.t.} \begin{cases} \displaystyle\sum_{\{j|(i,j) \in \overline{A}^q\}} \chi_{ij}^{qt} - \sum_{\{j|(j,i) \in \overline{A}^q\}} \chi_{ji}^{qt} = \begin{cases} 1, i = s^q \\ -1, i = k^q \\ 0, i \neq s^q, k^q \end{cases}, \forall t \in \mathcal{T}, q \in Q, i \in \hat{N}^q \\ \displaystyle\sum_{\{j|(j,i) \in \overline{A}^q\}} \chi_{ji}^{qt} \leqslant y_i^t, \quad \forall t \in \mathcal{T}, q \in Q_i, i \in N^q \\ \chi_{ij}^{qt} \geqslant 0, \quad \forall t \in \mathcal{T}, q \in Q, (i,j) \in \overline{A}^q \\ \displaystyle\sum_{i \in N} y_i^t = n_t, \quad \forall t \in \mathcal{T} \\ y_i^\tau \geqslant y_i^t, \quad \forall \tau = t+1, \cdots, T, t \in \mathcal{T} \\ y_i^t \in \{0, 1\}, \quad \forall t \in \mathcal{T}, i \in \mathbf{N} \end{cases}$$

$$(6\text{-}1)$$

此模型的目标是最大限度地覆盖整个区域范围内的交通流。式(6-1)保证电动汽车能够经过在 t 阶段已经建立的充电站,且确保节点一旦建立充电站就必须在剩余的阶段内保持正常运行。用 $\mathbf{y}^t$ 来表示向量 $\mathbf{y}^t = (y_i^t : i \in \mathbf{N})$。

6.3.2　模型求解

基于递阶延时建设思路，采用逐步推进法运用 Python3.7.4 对该布局模型求解。假定在第一阶段，求解 $FRLM(n_1;0,1)$ 得到建立的充电站数量为 y^1；接下来的第二阶段，求解 $FRLM(n_2;y^1,1)$ 得到 y^2，因为在第 1 阶段已经建立了 n_1 个充电站，因此在第 2 阶段只建立 (n_2-n_1) 个充电站即可；以此类推，直至第 T 阶段。在第 T 阶段，求解 $FRLM(n_t;y^{t-1},1)$ 可知此阶段需建立的充电站数量为 (n_t-n_{t-1})。模型具体实现如图 6-3 所示。

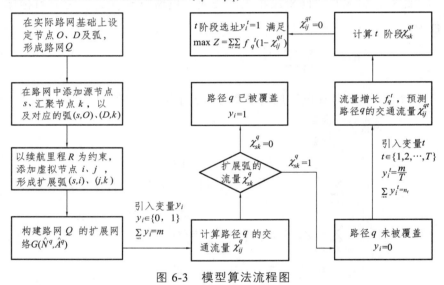

图 6-3　模型算法流程图

6.4　案例分析

6.4.1　数据处理

截至 2018 年底，重庆高速公路网络总里程达 3 096 km，且不考虑通行经济性和最短行驶路径的情况，所有的高速公路都是互相连通的，驾驶员理论上可以通过任意收费站并到达高速公路网络中的任何其他收费站。此外，任何一对起始点和目的点收费站之间 O-D 交通流量可获取。为了准确表示高速公路交叉口的车辆流向，引入额外的弧，使构建的路网能包含所有可能的行驶方向，如图 6-4 所示。根据本书模型可构建一个具有 268 个节点和 448 条无向弧（896 条有向弧）的虚拟道路网络。其中，每个节点代表一个收费站（包含入口方向和出口方向）。

图 6-4　路网中交叉口节点及弧表示方法

根据重庆高速公路 2018 年交通流量数据，对于任何 *O-D* 对，存在路径及相关的交通量。若将同一 *O-D* 对之间的所有路径的交通流组合起来，最短路径出行选择下路网中路径总数为 71 824。其中，每个 *O-D* 对对应一条路径。表 6-2 所示是重庆绕城以外高速公路交通流量数据，日均交通量 100 以内的路径比例为 98.84%。

表 6-2　2018 年重庆高速公路日均交通量分布

日均交通量/辆	路径数量	占比
0～100	70 991	98.84%
101～200	342	0.48%
201～300	155	0.22%
301～400	94	0.13%
401～500	57	0.08%
501～600	24	0.03%
大于 600	161	0.22%
日均最小交通量	0	
日均最大交通量	3 535	
平均交通量	7	

2018 年重庆高速公路日均交通量数据（见图 6-5）显示，50～100 km、100～200 km 的出行需求占比分别为 21%、8%，而新能源汽车渗透率仅为 0.6%，在这种新能源汽车出行规模下不宜一次性建设，应当根据消费者出行需求分阶段建设，保证在有限续航能力的条件下能够为其出行提

供便利，逐步提高新能源汽车渗透率，使新能源汽车交通流量与充电站数量呈现双螺旋同步增长。

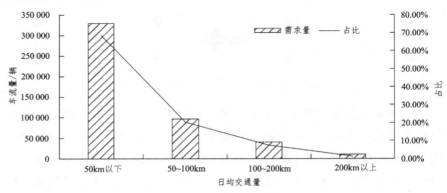

图 6-5 2018 年重庆高速公路日均交通量

6.4.2 结果分析

以 2018 年重庆高速公路交通流量数据为例，用 Python3.7.4 对该递阶延时规划模型求解。不失一般性，设电动汽车平均增长率为 30%[5]，$\mathcal{T}=\{1,2,3,4,5\}$，取续航里程 $R=200\,\mathrm{km}$，充电站布局结果为 $\boldsymbol{n}=\{11,22,33,44,55\}^{\mathrm{T}}$，求解结果如表 6-3 所示。

表 6-3 重庆高速公路充电站递阶延时规划求解结果（$R=200$）

建设阶段	规划充电桩经纬度
$t=1$	（105.945 156,29.379 716）、（106.302 122,29.222 354）、 （106.653 898,29.049 901）、（108.376 756,30.879 818）、 （106.497 209,29.882 362）、（107.305 714,29.259 59）、 （107.390 068,29.681 063）、（107.775 749,29.338 094）、 （107.785 347,30.659 19）、（106.234 741,29.734 463）、 （106.775 436,29.859 797）
$t=2$	（105.774 314,29.666 437）、（107.381 328,28.987 358）、 （107.390 381,30.316 312）、（105.832 284,30.148 273）、 （106.266 24,30.036 84）、（106.150 151,29.063 267）、 （108.785 02,29.447 105）、（108.748 368,28.880 344）、 （108.180 654,30.032 256）、（108.730 071,30.979 512）、 （107.005 404,29.825 497）

建设阶段	规划充电桩经纬度
$t=3$	（107.737 084,29.846 108）、（107.090 572,29.855 95）、（108.403 858,31.158 57）、（106.268 32,29.976 447）、（106.125 086,29.839 033）、（105.757 287,29.430 621）、（106.847 476,30.033 989）、（107.336 894,29.622 12）、（109.026 832,28.497 421）、（109.585 732,31.393 659）、（106.484 697,29.790 559）
$t=4$	（106.746 631,28.692 203）、（105.843 249,29.560 017）、（107.235 59,29.678 611）、（106.917 614,28.959 972）、（106.162 043,29.421 091）、（107.275 804,29.766 133）、（108.143 551,29.376 933）、（107.658 853,30.535 689）、（106.368 219,29.952 271）、（109.891 49,31.109 926）、（109.402 61,31.029 76）
$t=5$	（108.312 148,29.423 037）、（105.926 463,29.679 871）、（105.616 834,29.427 508）、（106.693 193,28.943 545）、（106.986 311,29.241 605）、（109.067 483,28.267 256）、（107.974 293,30.244 156）、（108.429 093,31.089 984）、（109.528 462,31.071 2）、（106.005 115,29.955 763）、（106.808 292,29.648 673）

取续航里程 R=300 km，充电站布局结果为 $n=\{9,18,27,36,45\}^{\mathrm{T}}$，求解结果如表 6-4 所示。

表 6-4 重庆高速公路充电站递阶延时规划求解结果（R=300）

建设阶段	规划充电桩经纬度
$t=1$	（106.010 669,29.387 143）、（108.340 798,30.835 031）、（106.683 171,29.006 955）、（106.399 212,29.148 072）、（106.368 219,29.952 271）、（106.100 181,29.866 578）、（107.390 068,29.681 063）、（107.305 714,29.259 59）、（106.775 436,29.859 797）
$t=2$	（108.022 171,30.733 093）、（105.880 404,30.088 074）、（106.220 792,29.886 991）、（109.060 367,30.991 146）、（108.776 644,29.299 466）、（107.241 763,30.134 32）、（106.314 976,30.110 97）、（105.774 314,29.666 437）、（108.748 368,28.880 344）

续表

建设阶段	规划充电桩经纬度
t=3	（108.022 171,30.733 093）、（105.880 404,30.088 074）、（106.220 792,29.886 991）、（109.060 367,30.991 146）、（108.776 644,29.299 466）、（107.241 763,30.134 32）、（106.314 976,30.110 97）、（105.774 314,29.666 437）、（108.748 368,28.880 344）
t=4	（107.000 247,29.078 862）、（107.851 181,29.989 148）、（108.361 345,30.550 389）、（108.312 148,29.423 037）、（107.525 807,30.439 683）、（105.869 03,29.501 382）、（107.090 572,29.855 95）、（106.484 697,29.790 559）、（109.891 49,31.109 926）
t=5	（107.859 619,30.297 772）、（106.986 322,29.241 798）、（109.528 462,31.071 2）、（107.098 258,29.653 321）、（106.046 009,28.981 911）、（108.257 234,31.102 575）、（106.693 193,28.943 545）、（105.616 834,29.427 508）、（109.067 483,28.267 256）

　　如图 6-6 所示，续航里程为 200 km 和 300 km 时，保证中长距离出行需求中覆盖不低于 70% 的交通流情况下，充电站建设总数分别为 55、45，每个阶段建设数量分别为 11、9。续航里程增大时，建站总数量将越少；此外，不同续航能力下的两种规划布局中共有 14 个建站选址重合，主要集中在第一阶段和第五阶段。第一阶段充电桩选址主要满足现阶段

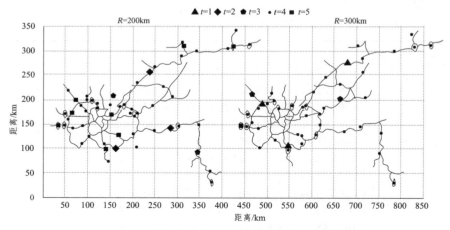

图 6-6　重庆高速公路充电站递阶延时规划布局图

消费者出行需求，紧后的几个阶段在第一阶段选址的基础上根据续航里程进行布局，续航里程的变化导致第二、第三、第四阶段选址有较大的变化；第五阶段的布局位置相对较为偏僻，甚至位于省市交接处，选址变化相对较小。

按照 10 台充电机的充电站进行测算，每个充电站基础设施建设、配电设施成本及每年运营成本分别为 300 万元、200 万元、20 万元，相比一次性完成建设而言，分阶段进行充电站建设可以节约总投资 2 600 万元，具体如表 6-5 所示。

表 6-5　重庆高速公路充电站投资测算

投资项目	单位投资成本	一次性布局投资	递阶延时布局投资	节约投资
充电站基础设施成本	300	16 500	15 000	1 500
充电站配电设施成本	200	11 000	10 000	1 000
每年运营成本	20	5 500	1 000	100

相比同期同域均质化投入布局而言，不同续航能力约束下递阶延时布局可以节约的总投资如图 6-7 所示。

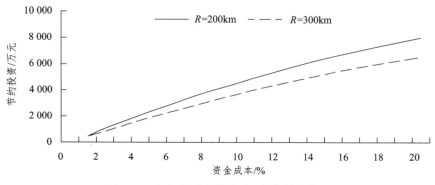

图 6-7　重庆高速公路充电站投资测算图

由图 6-7 可知，不同续航里程约束下的充电站递阶延时布局进行测算发现：分阶段进行递阶延时建设可有效节约投资，且资金成本越高效

131

果越明显；续航里程增加可以减少充电站建设投资，相同资金成本下续航里程的增加也可以减少建站资金投入，因此提高新能源汽车续航里程是非常有必要的。

6.5　本章小结

本章在考虑新能源汽车的实际续航能力约束的基础上，针对市区外高速公路中长距离出行，综合考虑充电设施布局的覆盖度和完备度，从而构建了多主体合作的充电设施多周期递阶延时规划布局模型；通过区域高速公路路网建立一个具有 268 个节点和 448 条无向弧（896 条有向弧）的虚拟网络模型，结合实际交通流数据对不同续航里程下的布局结果进行检验。结果显示，续航里程变化会引起 5 个规划阶段内递阶建立充电站数量和位置发生变化，在不同的资金成本下投资支出节约程度不同，验证了模型的合理性和有效性。

第 7 章

非均衡空间下新能源供给的多主体

合作维保服务策略研究

7.1　引　言

国务院发布的《节能与新能源汽车产业发展规划（2012—2020 年）》明确提出我国尤以纯电驱动为主的新能源汽车产业发展战略[288-289]，实施该战略的重要保障便是充电基础设施建设，而充电便利性是充电基础设施建设的重要指标，亦是影响新能源汽车推广的首要因素和最重要因素。伴随新能源汽车产业的发展，以充电桩为代表的充电设施网络快速扩展，据国家能源局有关数据统计，截至 2020 年 6 月底，我国充电桩总量已达到 132.2 万个，公共充电桩达到 55.8 万个，成为充电桩保有量最多的国家。

然而，对于成熟生产运营系统，预防性维护、修理等一系列检修活动通常是定期安排的。对于性能退化属性较为明确的运营系统，其检修方案优化主要从降低成本、调整周期等方面开展研究，而对于新能源供给多主体合作运营端的充电设施这类性能退化规律尚待明确的新兴运营系统，还未建立有效的检修计划和机制，其研究重点存在较大差异。由于在技术上的退化规律尚不明确，充电设施不能像智能电网等成熟运营系统一样进行定点检修，设计检修方案和制定间隔周期便成为研究难题。非均衡分布[19]状态下，充电需求量大或充电便捷度高的充电设施频繁使用，更易出现故障，前期新能源汽车用户的使用体验对持观望态度中的消费者有较大的影响，因而在众多充电设施品类技术退化规律尚不明确的情况下保证全域范围内充电设施良好的运行状态对新能源汽车进一步推广具有重要意义。故而，建立非均衡空间下考虑性能退化的充电设施检修机制是其首要任务，可使所有充电设施在合理间隔周期内都能接受检修，恢复最优或接近最优性能状态。针对充电设施多运营商、低覆盖度、布局疏密不均、性能退化规律不明确等问题，通过不同的运营商进行合作联合组建专业维护团队定期对区域内所有充电设施进行故障排查、检修是较为有效的途径，既有利于提高新能源汽车充电便利性，又能较快掌握充电设施性能退化规律以促进技术进步。鉴于此，本书针对区域内非均衡分布且性能退化规律尚不明确的充电设施，首先提出通过制定不同充电桩运营商合作的联合检修机制确保充电设施性能可满足新能源汽车用户充电需求；其次，建立充电设施联合检修路径优化模型；再次，采用基于分布密度的 DBSCAN 算法将区域内充电设施按照分布密度进行聚类，设置充电设施虚拟检修点；最后，以虚拟检修点的地址位置信息为基础运用遗传禁忌搜索算法对联合检修路径进行研究，以使维护团队单次检修的总路程最短。

7.2 新能源供给的多主体合作维保服务现状

7.2.1 问题分析

受运营成本、充电需求、场地等实际条件的限制，运营中的充电设施分布出现低覆盖度、布局疏密不均、各充电运营商的充电设施性能不尽相同、充电设施可靠性参差不齐等现象。当呈现出这种非均衡分布状态时，可能导致充电需求量大或充电便捷度高的充电设施出现故障更为频繁，而各类充电设施技术退化属性尚不明确，加之各运营商之间充电设施状态未实现信息互联互通及自动故障申告，无法进行定点检修，因而现阶段进行全域范围内充电设施的检修需求更为迫切，以期提高新能源汽车充电便利性、加快掌握各类充电设施性能退化规律。各充电设施使用过程中固有的性能退化属性仍然存在，若没有外界力量及时进行检修，其性能退化量快速增加，一旦达到某一临界值，充电设施将丧失充电功能属性而失效，退化过程如图 7-1 所示（其中：Ls 为充电设施性能

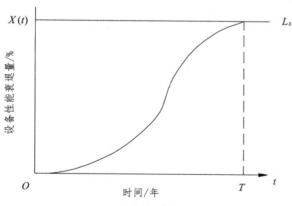

图 7-1　充电设施性能退化过程

失效阈值；$X(t)$ 为充电设施性能退化量）。在不进行检修的情况下，充电设施性能退化量 $X(t)$ 随着时间 t 的延长而递增，当工作到 T 时刻时，其性能退化量达到阈值 Ls，充电设施失效。

当加入检修活动后充电设施的性能退化状态如图 7-2 所示。在有维护活动时，充电设施性能退化量 $X(t)$ 会在检修时刻 $t_i(i \in \mathbf{N}^+)$ 恢复到最小值，然后恢复原有工作状态。

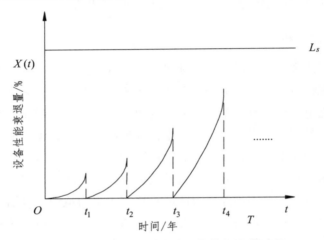

图 7-2　检修条件下充电设施性能退化过程

对比图 7-1、图 7-2，充电设施性能退化呈现两个特点，即间断性和突变性。充电设施性能退化量因检修而恢复到最小值，在检修时刻出现间断点，但随着检修次数的增加，每次检修后充电设施的性能退化量增加幅度越来越大。检修活动虽不能无限制延长充电设施使用寿命，但在一定程度上有利于延缓其性能退化过程并使其及时恢复原有工作状态，提高充电用户的便利性。

7.2.2　维保服务策略

针对充电设施这种固有的性能退化属性及技术上的退化规律尚不明确的问题，本书提出通过各充电桩运营商合作建立充电设施联合检修机制，在一定间隔周期对区域内充电设施进行全面检修，确保充电设施保持良好工作状态以满足新能源汽车用户充电需求。然而，在现阶段不能明确其技术性能退化规律的情况下，无法从检修周期及总体检修时间方面开展研究，联合检修路径规划则成为降低检修成本的关键途径。

7.3 充电设施多主体合作维保服务路径优化模型

7.3.1 定义变量

一个有向图 $G = (V, A)$，定义为被检修的充电设施及所需经过路径形成的网络。其中，A 表示所有可行路径的集合；V 表示充电设施检修节点集合。

充电设施检修点为 1，2，3，$\cdots$，m，$\cdots$，n，工作人员从检修点 m 出发，经过检修点 $m+1$，$m+2$，$\cdots$，$m-1$ 各一次后再返回检修点 m；设检修点 i 和 j 间的距离为 $d_{ij}(i \neq j)$。

7.3.2 模型建立

设 x_{ij} 为检修路径决策变量，则

$$x_{ij} = \begin{cases} 1, & \text{工作人员从检修点} i \text{直接到检修点} j \\ 0, & \text{工作人员不直接从检修点} i \text{到检修点} j \end{cases}$$

在考虑总检修路径最短的情况下，可设定目标函数为

$$\min z = \sum_{i=1}^{n} \sum_{j=1}^{n} d_{ij} x_{ij}$$

约束条件为

$$\sum_{i=1}^{n} x_{ij} = 1, \ j = 1, \cdots, n$$

$$\sum_{j=1}^{n} x_{ij} = 1, \ i = 1, \cdots, n$$

此外，还需要满足：

$$x_{ij} = 0, 1 \quad (i, j = 1, \cdots, n)$$

　　为了更好地理清可行检修路径间的相互关系，对每一个检修点引入辅助变量 u_i，设 $u_i \geqslant 0\ (i = 1, \cdots, n)$ 且 $\begin{cases} u_i = i - 1 \\ u_j = i \end{cases}$，为了有效避免检修路径中可能出现的多回路分割现象，需要满足 $u_i - u_j + nx_{ij} \leqslant n - 1$，其中 $i = 1, \cdots, n, j = 2, \cdots, n, i \neq j$。综上，可建立如下充电设施检修路径的规划模型：

$$\min z = \sum_{i=1}^{n} \sum_{j=1}^{n} d_{ij} x_{ij}$$

$$\text{s.t.} \begin{cases} \sum_{i=1}^{n} x_{ij} = 1, \ j = 1, \cdots, n \\ \sum_{j=1}^{n} x_{ij} = 1, \ i = 1, \cdots, n \\ u_i - u_j + nx_{ij} \leqslant n - 1, \ i = 1, \cdots, n, j = 2, \cdots, n, i \neq j \\ x_{ij} = 0, 1; \ i, j = 1, \cdots, n \\ u_i \geqslant 0, \ i = 1, \cdots, n \end{cases}$$

7.4　充电设施多主体合作维保服务路径优化算法

7.4.1　充电设施维保服务点聚类

　　一定区域范围内充电设施数据较大，若以每一个实际充电设施为节点，不便于进行数据处理，且没有必要将距离非常接近的充电设施分开来研究，因此考虑设置虚拟检修点，即以充电设施的实际位置为依据，将实际距离接近的充电设施聚集成一个检修点，并以最终聚类成的虚拟检修点地理位置为依据建立表示各虚拟检修点间车行距离的邻接矩阵。对于非均质分布的区域，采用基于分布密度的 DBSCAN 算法将区域内充电设施进行聚类，形成充电设施虚拟检修点。

　　1）算法定义

　　E 领域：给定检修点半径为 E 内的区域都为该检修点 E 的领域。

核心对象：若给定检修点 E 领域的充电设施数量或服务能力大于等于 $\min Pts$ ，则该检修点为核心对象。

直接密度可达：对于检修点集合 D ，如果检修点 q 在检修点 p 的 E 领域内，且 p 为核心对象，那么检修点 q 从检修点 p 直接密度可达。

密度可达：对于检修点集合 D ，给定一串检修点 p_1, p_2,…, p_n ， $p = p_1$, $q = p_n$ ，若检修点 p_i 从 p_{i-1} 直接密度可达，那么检修点 q 从检修点 p 密度可达。

密度相连：存在检修点集合 D 中的一点，如果检修点 O 到检修点 p 和检修点 q 都是密度可达的，那么检修点 q 和检修点 p 密度相联。

2）算法步骤

Step1：根据实际检修能力，确定 E 领域及领域密度 $\min Pts$ 的取值。

Step2：标记所有检修点为 unvisited。

Step3：随机选择其中一个 unvisited 作为检修点 p 。

Step4：标记检修点 p 为 visited。

Step5：判断检修点 p 领域中检修点个数。若检修点 p 的 E 领域至少有 $\min Pts$ 个检修点，创建一个新簇 C 。

Step6：令 N 为检修点 p 的 E 领域中的对象集合，检查集合 N 中的每个检修点 p 。若 p 是 unvisited，重新标记为 visited；若 p 的 E 领域至少有 $\min Pts$ 个检修点，把这些检修点均添加到集合 N 中；若 p 还不是任何簇的成员，则把 p 添加到 C ，停止检查，输出簇 C ，否则标记 p 为噪声；转到 Step4。

Step7：直到没有标记为 unvisited 的检修点为止。

7.4.2 多主体合作维保服务路径优化算法

遗传算法（genetic algorithm，GA）可以从解空间的多点出发进行自我学习式广泛探索，能求解大规模多目标函数的全局优化问题。禁忌搜索算法（tabu search，TS）则使用禁忌准则避免无效循环计算，并采用藐视准则接受差解，以保证不同范围有效路径的探测，能实现路径的全局逐步寻优。综合遗传算法较强的全局寻优能力和禁忌搜索算法较强的局部搜索能力，遗传禁忌搜索算法（GATS）适用于求解充电设施联合检修的路径优化问题。它包含 7 个核心元素：

（1）适应度函数：衡量某路径回路质量优劣的标准，通常用总路径长度进行评估。第 x 条路径长度计算公式为 $\mathrm{Len}(x) = \sum_{i=1}^{N} \mathrm{dis}(C_{n(i)}, C_{n(i+1)\bmod N})$，其中 $\mathrm{dis}(\cdot)$ 表示相邻两点间的距离，$C_{n(i)}$ 表示第 i 个点。

（2）邻域：变换初始路径中途径点的位置，产生的新路径集合称为初始路径的邻域。本书依次采用交叉、变异构建初始路径邻域。

（3）移动：初始路径转移到它的邻域中的最优回路，称为一次移动。被采纳的移动即下一次迭代过程的初始回路。

（4）候选解集：初始回路的邻域子集。遗传算法的选择算子能引导算法朝着搜索空间中可能的最优区域进行探测。本书选用精英选择法来加快禁忌搜索速度，从初始回路的邻域中挑选出最优的 10 个回路构成候选解集，参与禁忌搜索。

（5）禁忌表：一种存放禁忌对象的数据结构。一般情况下，禁忌表中的对象不能被选作产生邻域的新解，以防止出现循环搜索和陷入局部最优解。

（6）藐视准则：当候选解集中的最优对象比历史最优解好时，即使该对象被禁忌，仍可以替代历史最优解，作为下一次迭代过程的初始解，即特赦该禁忌对象。还有一种特赦情况是，若候选解集中的所有对象都被禁忌，则特赦最优候选解。

（7）终止条件：算法达到预设的迭代次数，或者在固定周期内连续求得的最优解不变，二者满足其一即可终止计算过程，其中固定周期设置为算法迭代次数的 0.6 倍。

遗传禁忌搜索算法具体实现过程如图 7-3 所示。

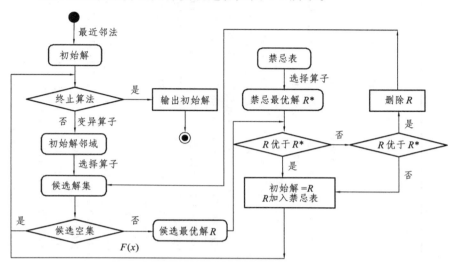

图 7-3　遗传禁忌搜索算法过程

7.5　案例分析

7.5.1　数据处理

重庆是我国重要的汽车产业基地，近年来着力推广新能源汽车。为了支持新能源汽车产业的发展，截至 2018 年 9 月，重庆市主城八区已建成并投入使用的公共充电设施共计 3 592 个。使用 Lenovo 台式电脑，CPU 是主频为 3.70GHz 的 Inter Core i3-6100，操作系统为 Windows10（64 位），以现有充电设施的地理位置信息为基础，应用 Python 语言编写 DBSCAN 算法将充电设施聚集成若干个虚拟检修点，并以聚类结果作为输入，用 MATLAB 软件对联合检修路径模型求解。按照 DBSCAN 算法，设置 E 领域为 100 m、领域密度阈值 $\min Pts$ 为 20，将 3 592 个充电设施聚类得到 194 个虚拟检修点，如表 7-1 所示，将虚拟检修点用 ARCGIS10.2 进行可视化显现，如图 7-4 所示。因此，可将各将虚拟检修点进行标号，分别为 1，2，…，194，并将虚拟检修点间的车行距离建立了 194×194 的邻接矩阵。

表 7-1　聚类后的虚拟维保服务点经纬度

序号	区域名称	聚类后的虚拟维保服务点
1	巴南区	(106.574 275,29.482 461)、(106.566 194,29.483 803)、(106.625 076,29.394 345)、(106.503 85,29.377 423)、(106.555 754,29.435 974)、(106.553 508,29.435 343)、(106.509 507,29.469077)、(106.615 731,29.352 567)、(106.536 244,29.458 47)、(106.524 516,29.463 591)
2	大渡口区	(106.484 973,29.478 614)、(106.484 067,29.461 601)、(106.492 605,29.493 065)、(106.475 353,29.476 097)、(106.615 354,29.631 028)、(106.507 336,29.580 094)、(106.570 554,29.587 264)、(106.604 898,29.625 817)、(106.541 427,29.586 5)、(106.557 535,29.580 725)、(106.751 92,29.657 027)、(106.572 433,29.576 772)、(106.765 49,29.629 2)、(106.663 732,29.629 601)、(106.539 084,29.580 444)、(106.495 552,29.604 615)、
3	江北区	(106.804 107,29.643 703)、(106.765 739,29.628 6)、(106.566 901,29.576 84)、(106.564 741,29.592 725)、(106.777 895,29.633 39)、(106.765 838,29.630 888)、(106.620 393,29.630 929)、(106.536 496,29.580 391)、(106.537 95,29.584 392)、(106.504 497,29.566 34)、(106.577 108,29.577 168)、(106.557 576,29.580 75)、(106.801 037,29.652 744)、(106.543 247,29.587 532)、(106.580 121,29.575 031)、(106.503 257,29.575 338)、
4	九龙坡区	(106.516 176,29.530 598)、(106.511 158,29.530 846)、(106.531 971,29.514 921)、(106.481 28,29.527 44)、(106.463 535,29.514 198)、(106.525 464,29.522 684)、(106.443 943,29.458 734)、(106.523 638,29.516 101)、(106.525 403,29.522 7)、(106.525 293,29.522 865)、(106.467 928,29.517 826)、(106.463 971,29.514 937)、(106.496 615,29.551 203)、(106.453 323,29.506 023)、(106.501 203,29.511 594)、(106.477 182,29.507 578)、(106.536 935,29.517 487)、(106.537 13,29.511 068)、(106.534 819,29.508 896)
5	南岸区	(106.571 21,29.534 305)、(106.643 631,29.507 366)、(106.641 518,29.489 311)、(106.572 929,29.545 776)、(106.551 14,29.539 383)、(106.578 713,29.507 364)、(106.568 5,29.540 512)、(106.578 025,29.528 987)、(106.568 967,29.538 173)、(106.571 134,29.523 489)、(106.560 12,29.542 195)、(106.645 266,29.490 267)、(106.635 093,29.476 405)、(106.598 743,29.589 497)、(106.584 501,29.534 835)、(106.572 097,29.517 861)、(106.559 65,29.526 74)、(106.591 493,29.584 375)、(106.647 795,29.495 114)、(106.577 249,29.527 255)、(106.641 864,29.504 233)

续表

序号	区域名称	聚类后的虚拟维保服务点
6	沙坪坝区	（106.488 333,29.544 604），（106.382 848,29.595 008），（106.450 027,29.516 039），（106.414 39,29.649 435）， （106.471 097,29.568 805），（106.430 085,29.591 262），（106.434 266,29.524 682），（106.354 245,29.712 739）， （106.323 288,29.690 418），（106.318 697,29.596 752），（106.450 051,29.527 739），（106.420 627,29.696 812）， （106.381 307,29.633 662），（106.320 995,29.681 114），（106.480 428,29.539 305），（106.380 503,29.607 074）， （106.315 588,29.598 744），（106.380 352,29.631 464），（106.451 746,29.610 412），（106.449 834,29.609 614）， （106.415 757,29.574 651），（106.322 746,29.589 31），（106.462 043,29.657 501），（106.347 756,29.706 713）， （106.452 176,29.613 607），（106.323 301,29.690 364），（106.436 806,29.572 09），（106.453 291,29.556 761）， （106.469 201,29.569 893），（106.381 199,29.605 136），（106.382 643,29.609 27），（106.308 218,29.612 577）， （106.341 063,29.605 123），（106.338 575,29.622 301），（106.485 49,29.561 546），（106.411 591,29.594 998）， （106.318 661,29.595 223），（106.394 726,29.640 948），（106.378 295,29.596 368），（106.382 116,29.597 889）， （106.478 373,29.547 134），（106.469 669,29.567 65），（106.451 465,29.612 615）
7	渝北区	（106.537 35,29.614 92），（106.576 456,29.690 661），（106.572 718,29.648 883），（106.554 611,29.644 345）， （106.560 524,29.693 943），（106.532 509,29.606 715），（106.471 349,29.630 271），（106.794 675,29.688 587）， （106.573 278,29.647 262），（106.575 427,29.638 839），（106.516 318,29.613 725），（106.542 815,29.719 547）， （106.794 57,29.723 186），（106.503 462,29.588 191），（106.800 147,29.720 366），（106.549 547,29.731 265）， （106.575 548,29.638 828），（106.530 184,29.595 813），（106.469 568,29.733 465），（106.504 794,29.628 494）， （106.660 422,29.789 622），（106.548 827,29.724 171），（106.619 233,29.665 702），（106.660 019,29.788 052）， （106.547 411,29.642 753），（106.511 188,29.613 137），（106.600 271,29.685 307），（106.522 513,29.600 122）， （106.553 056,29.612 877），（106.506 967,29.619 122），（106.652 736,29.754 274），（106.506 606,29.619 054）， （106.595 736,29.647 16），（106.541 081,29.698 53），（106.506 223,29.619 014），（106.625 83,29.671 4）， （106.575 579,29.638 831），（106.515 04,29.613 975），（106.548 68,29.724 714），（106.554 157,29.721 397）， （106.539 942,29.643 433），（106.572 643,29.634 077），（106.654 008,29.755 022），（106.619 261,29.679 939）， （106.505 317,29.552 684），（106.560 088,29.572 432），（106.513 54,29.558 703），（106.516 414,29.558 986）， （106.509 081,29.559 89），（106.585 563,29.567 649），（106.575 388,29.563 566），（106.518 574,29.543 17）， （106.522 87,29.556 106），（106.507 016,29.551 596），（106.561 118,29.572 283），（106.555 741,29.561 142），
8	渝中区	（106.495 898,29.553 794），（106.579 595,29.565 002），（106.526 516,29.545 717），（106.556 079,29.561 449）， （106.495 878,29.553 794），（106.524 126,29.549 051），（106.524 413,29.548 057），（106.524 195,29.548 774）， （106.515 474,29.558 732），（106.570 728,29.566 947），（106.586 963,29.563 646），（106.586 263,29.562 198）， （106.589 258,29.558 203）

图 7-4　虚拟维保服务点聚类图

7.5.2　结果分析

用三种算法分别运行 10 次，对虚拟检修点构建的 194×194 车行距离矩阵最短路径模型进行求解，记录多主体合作维保服务最短检修路径长度，具体结果详见表 7-2。

表 7-2　多主体合作维保服务最短路径模型求解结果

参数设置	算法	最短检修路径长度（km）
种群数量 20	GA	967.59
迭代数量 100	TS	896.74
交叉概率 0.85		
编译概率 0.2	GATS	752.42

从解的稳定性和计算效率两方面对算法解的质量进行比较[290]。解的

稳定性用相对最好解百分比 gap 表示，其计算公式为

$$\text{gap}=\frac{S-\text{BEST}}{\text{BEST}}\times100\%$$

式中：S 为三种算法各自的最短检修路径长度；BEST 为所有算法中的最短路径长度。gap 为不小于 0 的值，gap 值越小，解的稳定性越高。计算效率用平均计算时间表示，时间越短，计算效率越高。运行结果如表 7-3 所示。

表 7-3　解的质量比较

算法	gap/%	平均计算时间/s
GA	13.72	491.283
TS	18.63	393.201
GATS	0	589.539

根据三种算法求解结果及解的质量比较，遗传算法（GA）解的稳定性优于禁忌搜索算法（TS），但计算效率方面存在局限性；禁忌搜索算法（TS）计算效率最高，但解的稳定性方面不太理想；遗传禁忌搜索算法（GATS）所得到的检修路径长度最短，解的稳定性最好，由于在其求解过程中变异算子是一个搜索过程，增加了计算时间，使得计算效率方面无法体现优势，然而在一定群体规模下增加的计算时间是可以接受的，且从解决实际问题的角度来看，通常更为关注解的稳定性。因此，本书采用 GATS 所求解的最短检修路径作为联合检修的依据，检修路径如图 7-5 所示。图 7-5 中涵盖了所有虚拟检修点，且每次检修只经过一次，减少了因无检修路径规划造成的无效往返，可有效节约维修团队的有限资源，各充电运营商现有充电设施性能都能满足新能源汽车用户的充电需求，对提升其充电便利性作用显著。

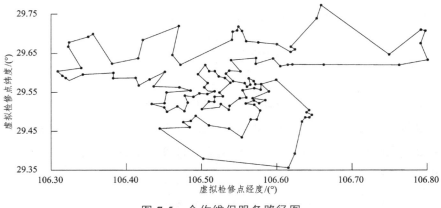

图 7-5　合作维保服务路径图

7.6　本章小结

　　本章基于充电设施呈现的非均衡空间分布状态，结合目前运营中由运营端充电设施固有性能退化属性导致的局部冗长排队与"死桩"并存的利用率极度不平衡等现象，为满足新能源汽车用户的充电需求，在充电设施技术上的性能退化规律不明确的情况下，提出不同的充电桩运营商合作组建专业维保服务团队对区域内所辖的所有充电设施开展合作维保服务。在建立充电设施多主体合作维保服务路径模型的基础上，根据DBSCAN 聚类算法，将重庆市主城八区截至 2018 年 9 月已建成运营的充电设施聚类为 194 个虚拟维保服务点，依据各虚拟服务点的地理位置数据，基于多主体合作维保服务单次服务最短路程策略，构建 194 × 194的车行距离矩阵，并采用三种算法对最短路径模型进行求解，结果显示，遗传禁忌搜索算法的路径最优。通过制定多主体合作维保服务策略，可逐步认识充电设施性能退化规律，可不断优化维保服务周期和定点维保方案。

第 8 章

结论与展望

8.1 结 论

本书以新能源供给的非均衡空间分布特征为基础，以占据市场主导地位的充电服务模式为研究对象开展研究，主要工作内容及结论包括以下方面：

（1）构建由供给端不同电力供给商、运营端不同充电桩运营商及消费端新能源用户组成的新能源供给多主体合作网络，分析以电力供应商和充电桩运营商为主的微观企业层面新能源供给多主体合作网络的分层拓扑结构及行为特征，讨论不同情形下的多主体合作行为机制及演化稳定策略，提出激励电力供应商间长效、可持续合作的有效措施。研究发现，通过建立不同电力供应商合作联盟，确立信息沟通等有效合作机制，减少建设中的不确定及信息不对称性，可提高已有设施利用效率，避免资源利用率不平衡等问题。

（2）从供应链角度出发，构建由供给端不同电力供给商、运营端不同充电桩运营商及消费端新能源用户组成的多级新能源供给多主体合作服务链，以新能源汽车的新能源供给需求量作为模糊变量，建立基于需求量随时间变动的新能源供给多主体合作服务链模糊需求模型及利润模型，设计新能源供给多主体合作服务链契约以消除由需求信息传递时延导致三者构成的多级服务链上下游信息不对称以增强其持续协调性；进一步，建立各主体间的分散式和集中式新能源供给多主体合作动态定价决策模型，研究不同决策模式在新能源供给不同需求阶段对动态定价策略的影响，制定有利于促进新能源需求增长的动态定价策略。研究发现，新能源汽车保有量逐步增加，需求增长加快，新能源供给多主体合作服务链中终端用户契约数量逐渐逼近整个服务链的集中动态决策最优数量。与国家相关部委的"加快补齐新能源汽车充电设施的建设短板，构建便利高效、适度超前的充电网络体系建设"要求一致。

（3）提出在续航里程约束下的新能源供给的多主体合作充电基础设施递阶延时布局策略，分析递阶延时布局的具体特征，包括空间维以续航能力为半径的邻域衔接覆盖性、时间维随交通流密度的双螺旋同步增长性、投资维的公共资源配置有效性；在此基础上，建立基于截流选址方法的扩展 O-D 交通路网，以终端消费者实际出行需求为依据，构建续航能力约束下的递阶延时布局优化模型，在优化、合理配置资源的基础上进行充电基础设施布局，以促进新能源汽车产业发展。经研究发现，运营端充电站分阶段递阶延时建设可有效节约投资，且资金成本越高效果越明显；续航里程增加可减少充电站数量，相同资金成本下续航里程的增加可减少资金投入，因此提高续航里程是非常有必要的。

（4）针对新能源供给的多主体合作运营端充电基础设施呈现出低覆盖度、布局疏密非均衡性空间分布，充电基础设施在技术上的性能退化规律尚不明确等特征，为了保证充电基础设施保持良好工作状态满足新能源汽车用户充电需求，提出各充电桩运营商合作建立专业维保团队定期对不同运营商的充电基础设施进行联合检修、维护；通过设置充电基础设施虚拟维保服务点建立合作维保服务最短路径优化模型，以使维保服务团队单次服务的总路程最短。研究发现，通过多运营商开展合作维保服务，可减少因无维保服务路径规划造成的无效往返，有效降低维保服务成本，保证现有充电设施良好的工作状态，对提升其充电便利性作用显著。经过多种算法比较可知，运用遗传禁忌搜索算法对多运营商合作维保服务路径进行规划，总路径最短。

8.2 展　望

本书通过构建新能源供给的多主体合作网络对电力供应商进行合作博弈及演化稳定策略研究；建立由电力供应商、充电桩运营商、终端用户构成的多主体合作服务链，以服务链整体利益最大化为目标进行合作定价策略研究；以终端用户实际需求变化为依据进行多主体合作的充电站递阶延时布局研究；提出不同充电桩运营商合作开展联合维保服务，以降低维保服务成本。研究结果可指导类似区域进行新能源供给网络多主体合作、充电基础设施建设及运行实践。但本书仍然存在一些不足之处，在未来的研究中可以从以下方面进行拓展：

（1）本书假定新能源供给的多主体均在有限理性的情况下开展合作，而在实际的新能源供给多主体合作中，受个体逐利行为的影响，各主体并不一定能完全按照理性思维开展相关活动，特别是私营性质的充电桩运营商为了自身利益最大化而在某些时刻不惜突破合作机制单独进行营利活动，对于这部分行为暂时没有纳入新能源供给多主体合作服务链中进行研究。在未来的研究中，可以考虑设置一个控制系数对此类行为带来的影响进行测算。此外，多主体合作过程中存在着多种博弈问题，在策略研究中应当进行深入分析；还应当对各个主体合作过程中逐利非理性行为进一步探究。

（2）本书中均假定是在充电桩运营商建立的公共充电设施中进行能源补给，而在现实中还存在新能源汽车用户自有充电桩或者在单位办公场所进行充电的情况，虽然充电总量不占据优势，但会对整个新能源供给系统的需求总量产生影响。在未来的研究中，可以通过收集数据对新能源汽车用户在公共充电桩、家用充电桩或者办公场所充电的行为选择进行研究。

（3）在本书的研究中未考虑峰谷分时电价收费情况对充电设施收益的影响，终端用户数量达到某一个阈值时，将对服务链整体收益产生影响，在后期的研究中可将峰谷分时电价收费建立模型作为服务链收益的一部分进行研究。

（4）本书针对特定区域内的充电设施合作布局规划开展研究，可能会与其他相邻区域的建设布局存在不协调性（如可能发生两个相邻区域边界重复建设等情况），也会降低资源配置效率，在后期的研究中，可以加入相邻区域建设规划进行研究，以减少充电基础设施重复建设。

（5）本书只考虑国家电网、南方电网两大电力供应商的合作行为，而未对其竞争性进行分析，在后期的研究中，可以从竞争性手进行研究。

参考文献

[1] WANG H, KIMBLE C. Leapfrogging to electric vehicles:patterns and scenarios for China's automobile industry[J]. International Journal of Automotive Technology Management, 2011(4): 312-325.

[2] 国务院关于印发节能与新能源汽车产业发展规划（2012—2020 年）的通知[Z]. 中华人民共和国国务院公报，2012-07-20.

[3] 工业和信息化部、国家发展改革委、科技部关于印发《汽车产业中长期发展规划》的通知[Z].中华人民共和国科学技术部，2017-04-06.

[4] 2020 年全国公共充电桩达 55.8 万个数量居全球首位[EB/OL]. [2020-07-17]. https://www.askci.com/news/chanye/ 20200717/ 1802101164250.shtml.

[5] 乔岳，周飞，李博. 新能源经济发展视角下公共充电桩用户特征调查分析 ——以北京市西城区和顺义区为例[J]. 中国市场，2020（5）：175-177.

[6] 余明辉. 充电桩变"僵尸桩"怎么破[N]. 中国质量报，2018-09-14（004）.

[7] 刘吉臻. 大规模新能源电力安全高效利用基础问题[J]. 中国电机工程学报，2013，33（16）：1-8，25.

[8] 陈麟瓒，王保林. 新能源汽车"需求侧"创新政策有效性的评估——基于全寿命周期成本理论[J]. 科学学与科学技术管理，2015，36（11）：15-23.

[9] 李曼，陈敬渊，孙悦超，等. 纯电动汽车传动系统传动比的优化[J]. 岭南师范学院学报，2015，36（6）：74-80.

[10] 刘志佳. 小鹏汽车科技有限公司发展战略研究[D]. 长春：吉林大学，2020.

[11] 毕晓航，薛奕曦. 行业变革下的商业模式创新及评估 ——基于形态分析法和多层次框架[J]. 中国科技论坛，2018（2）：103-111.

[12] 魏一鸣，焦建玲，廖华. 能源经济学[M]. 北京：科学出版社，2011.

[13] 龚刚，杨光. 从功能性收入看中国收入分配的不平等[J]. 中国社会科学，2010（2）：54-68，221.

[14] 夏锦清. 再论"两个剑桥之争"：缘起、回顾及新进展[J]. 当代经济研究，2019（7）：41-49.

[15] Robert U Ayres, Katalin Martinás. A non-equilibrium evolutionary economic theory[J]. ResearchGate, 1994.

[16] 王认真. 中国金融资源空间配置非均衡的原因分析[J]. 西南民族大学学报（人文社会科学版），2011，32（12）：127-131.

[17] 王认真. 中国金融资源空间配置非均衡的实证分析[J]. 统计与决策，2011（23）：119-122.

[18] 王认真，陈祖华，白义香. 中国金融资源空间非均衡配置的经济影响[J]. 广东金融学院学报，2012，27（5）：16-26.

[19] 胥旋. 人员非均匀分布条件下的疏散引导方向优化算法研究[J]. 中国安全生产科学技术，2011，7（8）：34-37.

[20] 王业磊，赵俊华，文福拴，等. 具有电转气功能的多能源系统的市场均衡分析[J]. 电力系统自动化，2015，39（21）：1-10，65.

[21] 高秀春，蒋学海，杨芳. 渠道冲突、有效沟通与产销联盟[J]. 商业经济研究，2017（16）：52-54.

[22] 谌微微，许茂增，邢青松. 新能源供给单业态服务链两部制动态定价策略研究[J]. 数学的实践与认识，2019，49（15）：112-122.

[23] 李全喜. 生产运作管理[M]. 北京：北京大学出版社，中国林业出版社，2007.

[24] KEN RUGGLES. Technology and the service supply chain[J]. Supply Chain Management Review, 2005(9): 12-14.

[25] 李靓. 融合进程中学术期刊出版服务链重构研究[J]. 中国科技期刊研究，2019，30（8）：862-869.

[26] 冯桂平，谢雨红，刘文静. 服务链视角下的浙江省桐乡市乌镇智能居家养老服务模式[J]. 中国老年学杂志，2019，39（14）：3566-3571.

[27] 王飞，姜文宇，刘彬彬，等．利用灾害链规则的灾害模型服务链编制方法[J]．武汉大学学报（信息科学版），2020，45（8）：1168-1178．

[28] 彭永涛，李丫丫，何美玲．制造业服务化背景下产品服务供应链网络均衡模型[J]．统计与决策，2019，35（15）：43-48．

[29] 袁志刚，张军，王世磊．高级微观经济学[M]．北京：高等教育出版社，2009．

[30] 刘凡，别朝红，刘诗雨，等．能源互联网市场体系设计、交易机制和关键问题[J]．电力系统自动化，2018，42（13）：108-117．

[31] 李林．垄断市场结构下的帕累托改进 ——以中国烟草业改革为例[J]．思想战线，2008（2）：47-50．

[32] 闫森，杜纲．电信普遍服务机制研究[J]．未来与发展，2007（2）：58-61，65．

[33] 龚艳．北京电台广告价格体系研究[J]．中国广播电视学刊，2005（12）：49-51．

[34] 顾欣，张玮强，金杰，等．"一带一路"倡议下电力互联市场的投资风险研究[J]．东南大学学报（哲学社会科学版），2020，22（3）：82-89，153．

[35] SU W, WANG J, ZHANG K, et al. Model predictive control-based power dispatch for distribution system considering plug-in electric vehicle uncertainty[J]. Electric Power Systems Research, 2014, 106: 29-35.

[36] 金力，房鑫炎，蔡振华，等．考虑特性分布的储能电站接入的电网多时间尺度源储荷协调调度策略[J]．电网技术，2020，44（10）：3641-3650．

[37] 何海，胡姝博，张建华，等．基于样本熵的新能源电力系统净负荷分时段调度[J]．电力系统自动化，2019，43（24）：77-93．

[38] 胡兵轩，覃禹铭．新能源接入的多时间尺度协调响应调度模型[J]．实验室研究与探索，2020，39（2）：39-43，63．

[39] 王蓓蓓，仇知，丛小涵，等. 基于两阶段随机优化建模的新能源电网灵活性资源边际成本构成的机理分析[J]. 中国电机工程学报，2021，41（4）：1348-1359，1541.

[40] 陶莉，高岩，朱红波. 以极小化峰谷差为目标的智能电网实时定价[J]. 系统工程学报，2020，35（3）：315-324.

[41] 尹琦琳，秦文萍，于浩，等. 计及风电波动性和电动汽车随机性的电力现货市场交易模型[J]. 电力系统保护与控制，2020，48（12）：118-127.

[42] 王峰. 居民区电动汽车充电运营模式、运行策略及典型设计[J]. 科技管理研究，2018，38（23）：228-234.

[43] 何仁，李军民. 混合动力电动汽车动力耦合系统与能量管理策略研究综述[J]. 重庆理工大学学报（自然科学），2018，32（10）：1-16.

[44] NIU D, MENG M. Research on seasonal increasing electric energy demand forecasting:a case in China[J]. Chinese Journal of Management Science, 2010, 8(2): 108-112.

[45] ZENG B,YANG Y, DUAN J, et al. Key issues and research prospects for demand-side response in alternate electrical power systems with renewable energy sources[J]. Automation of Electric Power Systems, 2015, 39(17): 10-18.

[46] 武中. 基于行车特性的地区电动私家车快充充电桩规划方法研究[J]. 智能电网，2017，5（5）：469-474.

[47] 方舟，张俊，孙元章，等. 考虑多目标约束的充电桩数量规划研究[J]. 电网技术，2020，44（2）：704-712.

[48] 中商产业研究院. 2019-2024年中国充电桩市场前景及投资机会研究报告[R]. 深圳中商情大数据股份有限公司，2019.

[49] 北京充电桩分布图及已开放的充电桩数量[EB/OL]. [2015-07-29]. http://bj.bendibao.com/zffw/2015729/196889.shtm.

[50] CROZIER C, MORSTYN T, MCCULLOCH M. The opportunity for

smart charging to mitigate the impact of electric vehicles on transmission and distribution systems[J]. Applied Energy, 2020(268).

[51] POCH L, MAHALIK M, WANG J, et al. Impacts of plug-in hybrid electric vehicles on the electric power system in the western United States[C].IEEE PES general meeting. IEEE, 2010.

[52] 谌微微, 许茂增, 邢青松. 非均衡空间下考虑性能退化的充电设施联合检修路径[J]. 科学技术与工程, 2020, 20（17）: 7074-7079.

[53] 贾斯佳, 袁竞峰. 电动汽车基础设施选址定容研究 ——以南京市河西新城为例[J]. 科技管理研究, 2018, 38（1）: 223-232.

[54] 卞芸芸, 黄嘉玲, 郑郁. 基于供需平衡的广州市充电基础设施规划探索[J]. 规划师, 2017, 33（12）: 124-130.

[55] 王欣. 大连市电动汽车充电基础设施规划探讨[J]. 规划师, 2017, 33（2）: 137-144.

[56] 胡超, 范晔, 赵立达, 等. 上海市电动汽车公共快充网络布局规划策略研究[J]. 华东电力, 2014, 42（12）: 2589-2591.

[57] FENG T, GONG X, GUO Y, et al. Electricity cooperation strategy between China and ASEAN countries under 'The Belt and road'[J]. Energy Strategy Reviews, 2020(30).

[58] 刘文革, 王磊. 金砖国家能源合作机理及政策路径分析[J]. 经济社会体制比较, 2013（1）: 74-82.

[59] XIN-GANG Z, YI-SHENG Y, TIAN-TIAN F, et al. International cooperation on renewable energy electricity in China–A critical analysis[J]. Renewable energy,2013(55):410-416.

[60] LV Y, LI B, ZHAO W, et al. Multi-base station energy cooperation based on Nash Q-Learning Algorithm[C].International Conference on 5G for Future Wireless Networks. Springer,Cham, 2017.

[61] SRINIVASAN D, TRUNG L T, SINGH C. Bidding and cooperation strategies for electricity buyers in power markets[J]. IEEE Systems Journal, 2014, 10(2): 422-433.

[62] MATEUS J C, CUERVO P. Bilateral negotiation of energy contracts from the buyer perspective[C]. 2009 IEEE Power & Energy Society General Meeting. IEEE, 2009.

[63] SRINIVASAN D,WOO D. Evolving cooperative bidding strategies in a power market[J]. Applied Intelligence, 2008, 29(2): 162-173.

[64] WANG J, ZHAO R, TANG W. Supply chain coordination by revenue-sharing contract with fuzzy demand[J]. Journal of Intelligent & Fuzzy Systems, 2008, 19(6): 409-420.

[65] WANG J, ZHAO R, TANG W. Supply chain coordination by single-period and long-term contracts with fuzzy market demand[J]. Tsinghua Science & Technology, 2009, 14(2): 218-224.

[66] GOVINDAN K, POPIUC M N. Reverse supply chain coordination by revenue sharing contract:A case for the personal computers industry[J]. European Journal of Operational Research, 2014, 233(2): 326-336.

[67] SANG S. Revenue sharing contract in a multi-echelon supply chain with fuzzy demand and asymmetric information[J]. International Journal of Computational Intelligence Systems, 2016, 9(6): 1028-1040.

[68] 桑圣举，张强. 模糊需求下 n 级供应链的收益共享契约机制研究[J]. 中国管理科学，2013，21（3）：127-136.

[69] CHANG S Y, YEH T Y. A two-echelon supply chain of a returnable product with fuzzy demand[J]. Applied Mathematical Modelling,2013,37(6):4305-4315.

[70] YU Y, JIN T. The return policy model with fuzzy demands and asymmetric information[J]. Applied Soft Computing,2011,11(2):1669-1678.

[71] YU Y, ZHU J, WANG C. A newsvendor model with fuzzy price-dependent demand[J]. Applied Mathematical Modelling, 2013,

37(5): 2644-2661.

[72] ZHANG B, LU S, ZHANG D, et al. Supply chain coordination based on a buyback contract under fuzzy random variable demand[J]. Fuzzy sets and systems, 2014(255): 1-16.

[73] DING Z, LU Y, LAI K, et al. Optimal coordinated operation scheduling for electric vehicle aggregator and charging stations in an integrated electricity-transportation system[J]. International Journal of Electrical Power & Energy Systems, 2020, (121).

[74] 程广宇，高志前. 国外支持电动汽车产业发展政策的启示[J]. 中国科技论坛，2013（1）：157-160.

[75] ZHOU W, HUANG W. Contract designs for energy-saving product development in a monopoly[J]. European Journal of Operational Research, 2016, 250(3): 902-913.

[76] DAVIS G A, OWENS B. Optimizing the level of renewable electric R&D expenditures using real options analysis [J]. Energy Policy,2003,31(15):1589-1608.

[77] NIE P Y, SUN P, BILL Z, et al. A dynamic study on ecological disaster,government regulation, and renewable resources[J]. The American Journal of Economics and Sociology, 2014, 73(2): 410-441.

[78] GUAN X, ZHANG G, LIU D, et al. The behavior of consumer buying new energy vehicles based on stochastic evolutionary game[J]. Filomat, 2016, 30(15): 3987-3997.

[79] 谢梦，庞守林，彭佳. 政府补贴与新能源汽车企业研发投资 ——基于交换期权的演化博弈分析[J]. 科技管理研究，2017，（7）：144-150.

[80] 高倩，范明，杜建国. 政府补贴对新能源汽车企业影响的演化研究[J]. 科技管理研究，2014（11）：75-79.

[81] 孙红霞，吕慧荣. 新能源汽车后补贴时代政府与企业的演化博弈分析[J]. 软科学，2018，32（2）：24-29，49.

[82] 赵昕，朱连磊，丁黎黎. 能源结构调整中政府、新能源产业和传统能源产业的演化博弈分析[J]. 武汉大学学报(哲学社会科学版)，2018，71（1）：145-156.

[83] 曹国华，杨俊杰. 政府补贴激励下消费者对新能源汽车购买行为的演化博弈研究[J]. 经济问题探索，2016（10）：1-9.

[84] TUSHAR W, SAAD W, POOR H V, et al. Economics of electric vehicle charging:A game theoretic approach[J]. IEEE Transactions on Smart Grid, 2012, 3(4): 1767-1778.

[85] CHAI B, CHEN J, YANG Z, et al. Demand response management with multiple utility companies:A two-level game approach[J]. IEEE Transactions on Smart Grid, 2014, 5(2): 722-731.

[86] LIU C, XIA T. Strategy analysis of governments and new energy product manufacturers and consumers based on evolutionary game model[J]. Soft Computing, 2019(24): 6445-6455.

[87] 刘娟娟，张甜甜. 基于分享经济的充电运营商与中间服务商合作机制和利益分配[J]. 产经评论，2017，8（4）：86-92.

[88] HAN S, XU X. NEV supply chain coordination and sustainability considering sales effort and risk aversion under the CVaR criterion[J]. PLOS ONE, 2018, 13(6).

[89] 范如国，冯晓丹. "后补贴"时代地方政府新能源汽车补贴策略研究[J]. 中国人口·资源与环境，2017，27（3）：30-38.

[90] WANG Z, ZHAO C, YIN J, et al. Purchasing intentions of Chinese citizens on new energy vehicles:How should one respond to current preferential policy?[J]. Journal of Cleaner Production, 2017(161).

[91] SIKES K, GROSS T, LIN Z, et al. Plug-in hybrid electric vehicle market introduction study[R]. Oak Ridge National Lab. (ORNL), Oak Ridge, TN (United States), 2010.

[92] LEE D H, PARK S Y, KIM J W, et al. Analysis on the feedback effect for the diffusion of innovative technologies focusing on the green

car[J]. Technological Forecasting and Social Change, 2013, 80(3): 498-509.

[93] SIERZCHULA W, BAKKER S, MAAT K, et al. The influence of financial incentives and other socio-economic factors on electric vehicle adoption[J]. Energy Policy, 2014(68): 183-194.

[94] 孙晓华，刘小玲，于润群. 城市规模、充电设施建设与新能源汽车市场培育[J]. 运筹与管理，2018，27（7）：111-121.

[95] 张勇，蒲勇健，史乐峰. 电动汽车充电基础设施建设与政府策略分析[J]. 中国软科学，2014（6）：167-181.

[96] 赵明宇，吴峻，张卫国，等. 基于时空约束的城市交流充电桩优化布局[J]. 电力系统自动化，2016，40（4）：66-70，104.

[97] SIMSHAUSER P. On the stability of energy-only markets with government-initiated contracts-for-differences[J]. energies, 2019 (12).

[98] 曾鸣，杨雍琦，李源非，等. 能源互联网背景下新能源电力系统运营模式及关键技术初探[J]. 中国电机工程学报，2016，36（3）：681-691.

[99] 曾鸣，杨雍琦，刘敦楠，等. 能源互联网"源—网—荷—储"协调优化运营模式及关键技术[J]. 电网技术，2016，40（1）：114-124.

[100] KOLLOCH M, DELLERMANN D. Digital innovation in the energy industry: The impact of controversies on the evolution of innovation ecosystems[J]. Technological Forecasting & Social Change, 2017, 136(NOV.): 254-264.

[101] 谌微微，许茂增，邢青松. 新能源供给单业态服务链契约设计[J]. 软科学，2020，34（3）：88-95.

[102] REYNIERS D J, TAPIERO C S. The delivery and control of quality in supplier-producer contracts[J]. Management Science, 1995, 41(10): 1581-1589.

[103] REYNIERS D J, TAPIERO C S. Contract design and the control of

quality in a conflictual environment[J]. European Journal of Operational Research, 1995, 82(2): 373-382.

[104] CACHON G P, LARIVICE M A. Contracting to assure supply: How to share demand forecasts in a supply chain[J]. Management Science, 2001, 47(5): 629-646.

[105] CACHON G P, LARIVICE M A. Supply chain coordination with revenue sharing contracts: Strengths and limitations[J]. Management Science, 2005, 51(1): 30-44.

[106] CACHON G P. Supply chain coordination with contracts[J]. Handbooks in operations research and management science, 2003(11): 227-339.

[107] CACHON G P, LARIVICE M A. Supply chain coordination with revenue sharing contracts:Strengths and limitations[J]. Management Science, 2005, 51(1): 30-44.

[108] De KOKA G, GRAVES S C. Supply Chain Coordination with Contracts[J]. Supply Chain Management: Design, Coordination and Operation, 2003: 229.

[109] CHEN F. Information sharing and supply chain coordination[J]. Handbooks in operations research and management science, 2003(11): 341-421.

[110] GIANNOCCARO I, PONTRANDOLFO P. Supply chain coordination by revenue sharing contracts[J]. International journal of production economics, 2004, 89(2): 131-139.

[111] CACHON G P. The allocation of inventory risk in a supply chain: Push, pull, and advance-purchase discount contracts[J]. Management Science, 2004, 50(2): 222-238.

[112] RONG M, MAITI M. On an EOQ model with service level constraint under fuzzy-stochastic demand and variable lead-time[J]. Applied Mathematical Modelling, 2015, 39(17): 5230-5240.

[113] SONI H N, PATEL K A. Optimal policies for integrated inventory system under fuzzy random framework[J]. The International Journal of Advanced Manufacturing Technology, 2015, 78(5-8): 947-959.

[114] MAHATA G C, GOSWAMI A. Fuzzy inventory models for items with imperfect quality and shortage backordering under crisp and fuzzy decision variables[J]. Computers & Industrial Engineering, 2013, 64(1): 190-199.

[115] SADEGHI J, MOUSAVI S M, NIAKI S T A, et al. Optimizing a bi-objective inventory model of a three-echelon supply chain using a tuned hybrid bat algorithm[J]. Transportation Research Part E:Logistics and Transportation Review, 2014(70): 274-292.

[116] SADEGHI J. A multi-item integrated inventory model with different replenishment frequencies of retailers in a two-echelon supply chain management: A tuned-parameters hybrid meta-heuristic[J]. Opsearch, 2015, 52(4): 631-649.

[117] SADEGHI J, MOUSAVI S M, NIAKI S T A. Optimizing an inventory model with fuzzy demand, backordering,and discount using a hybrid imperialist competitive algorithm[J]. Applied Mathematical Modelling, 2016, 40(15-16): 7318-7335.

[118] TONG A, DAO-Zhi Z. A supply chain model of vendor managed inventory with fuzzy demand[C]//2010 International Conference on System Science, Engineering Design and Manufacturing Informatization. IEEE, 2010(2):15-18.

[119] 林晶,王健. LR-型模糊需求下供应链的质量控制与成本分担[J]. 控制与决策, 2016, 31（4）: 678-684.

[120] CACHON G P, LARIVICE M A. Revenue sharing contracts:Supply chain coordination with strengths and limitations[J]. Management Science, 2005, 51(1): 30-44.

[121] CHAKRABORTY D, JANA D K, ROY T K. Multi-item integrated supply chain model for deteriorating items with stock dependent demand under fuzzy random and bifuzzy environments [J]. Computers & Industrial Engineering, 2015(88):166-180.

[122] JANA D K, DAS B, MAITI M. Multi-item partial backlogging inventory models over random planning horizon in random fuzzy environment[J]. Applied Soft Computing, 2014(21):12-27.

[123] XU RUONING, ZHAIXIAOYAN. Optimal models for single-period supply chain problems with fuzzy demand[J]. Information Sciences, 2008, 178(17): 3374-3381.

[124] XU RUONING, ZHAIXIAOYAN. Analysis of supply chain coordination under fuzzy demand in a two-stage supply chain [J]. Applied Mathematical Modelling, 2010, 34(1): 129-139.

[125] 张莉，胡小建，卢朝东. 模糊需求下的易腐品供应链中零售商决策模型[J]. 中国管理科学，2016，24（S1）：553-557.

[126] ALSALLOUM O I, RAND G K. Extensions to emergency vehicle location models[J]. Computers & Operations Research, 2006, 33(9): 2725-2743.

[127] ARAZ C, SELIM H, OZKARAHAN I. A fuzzy multi-objective covering-based vehicle location model for emergency services[J]. Computers & Operations Research, 2007, 34(3): 705-726.

[128] XING H. The decision method of emergency supplies collection with fuzzy demand constraint under background of sudden disaster [J]. Natural Hazards, 2017, 85(2): 869-886.

[129] 郭子雪，齐美然. 模糊需求下的应急物资动态库存控制模型[J]. 中国管理科学，2016，24（S1）：276-280.

[130] 王海军，黎卜豪，刘康康. 应急救援下需求分配与网络配流研究[J]. 系统工程理论与实践，2015，35（6）：1457-1464.

[131] ZHENG Y J, LING H F. Emergency transportation planning in disaster relief supply chain management: a cooperative fuzzy optimization approach[J]. Soft Computing, 2013, 17(7): 1301-1314.

[132] RUAN J H, WANG X P, CHAN F T S, et al. Optimizing the intermodal transportation of emergency medical supplies using balanced fuzzy clustering[J]. International Journal of Production Research, 2016, 54(14): 4368-4386.

[133] TANG Z P, QIN J, SUN J P. Railway emergency resource dispatching optimization based on fuzzy satisfaction degree under the priority principle[J]. Journal of Intelligent & Fuzzy Systems, 2017, 33(5): 2677-2686.

[134] 李阳，范厚明，张晓楠，等．求解模糊需求车辆路径问题的两阶段变邻域禁忌搜索算法[J]．系统工程理论与实践，2018，38（2）：522-531.

[135] ZARANDI M H F, HEMMATI A, DAVARI S. The multi-depot capacitated location-routing problem with fuzzy travel times[J]. Expert Systems with Applications, 2011, 38(8):10075-10084.

[136] MEHRJERDI Y Z, NADIZADEH A. Using greedy clustering method to solve capacitated location-routing problem with fuzzy demands[J]. European Journal of Operational Research, 2013, 229(1): 75-84.

[137] GHAFFARI-NASAB N, AHARI S G, GHAZANFARI M. A hybrid simulated annealing based heuristic for solving the location-routing problem with fuzzy demands[J]. Scientia Iranica, 2013, 20(3): 919-930.

[138] NADIZADEH A, NASAB H H. Solving the dynamic capacitated location-routing problem with fuzzy demands by hybrid heuristic algorithm[J]. European Journal of Operational Research, 2014, 238(2): 458-470.

[139] FAZAYELI S, EYDI A, KAMALABADI I N. Location-routing problem in multimodal transportation network with time windows and fuzzy demands:Presenting a two-part genetic algorithm[J]. Computers & Industrial Engineering, 2018(119): 233-246.

[140] 许小平. 新能源及新能源产业发展价格的对策研究[J]. 价格月刊, 2014（10）: 13-15.

[141] 付岩岩. 促进我国新能源产业发展的价格策略研究[J]. 价格月刊, 2014（7）: 23-26.

[142] 李苏秀, 刘颖琦, 王静宇, 等. 基于市场表现的中国新能源汽车产业发展政策剖析[J]. 中国人口·资源与环境, 2016, 26（9）: 158-166.

[143] 李珲, 战建华. 中国新能源汽车产业的政策变迁与政策工具选择[J]. 中国人口·资源与环境, 2017, 27（10）: 198-208.

[144] 王宝珠, 马艳, 赵治成. 新能源产品消费能力提升：政府举措与消费者行为[J]. 上海经济研究, 2017（3）: 23-31, 48.

[145] 张海斌, 盛昭瀚, 孟庆峰. 新能源汽车市场开拓的政府补贴机制研究[J]. 管理科学, 2015, 28（6）: 122-132.

[146] 孙鹏, 聂普焱. 新能源产业规制：研发补贴与支持价格的相机抉择[J]. 当代财经, 2013（4）: 94-105.

[147] 孙晓华, 徐帅. 政府补贴对新能源汽车购买意愿的影响研究[J]. 大连理工大学学报（社会科学版）, 2018, 39（3）: 8-16.

[148] 曹国华, 杨俊杰. 政府补贴激励下消费者对新能源汽车购买行为的演化博弈研究[J]. 经济问题探索, 2016（10）: 1-9.

[149] 王朝阳, 陈宇峰, 金曦. 国际油价对中国新能源市场的传导效应研究[J]. 数量经济技术经济研究, 2018（4）: 131-146.

[150] SUN Q, XU L, YIN H. Energy pricing reform and energy efficiency in China:Evidence from the automobile market[J]. Resource & Energy Economics, 2016(44): 39-51.

[151] 杨坤，于文华，牛艾檬. 传统能源与新能源市场间风险传导机制研究——基于 vine copula 的分析[J]. 价格理论与实践，2016（12）：159-162.

[152] 李明佳，严俊杰，陶文铨. 能源消费量和能源供应量与其影响因素之间协整关系的实证研究[J]. 工程热物理学报，2017，38（7）：1472-1477.

[153] 郑新业. 全面推进能源价格市场化[J]. 价格理论与实践，2017（12）：17-22.

[154] WOO C K, LIU Y, ZARNIKAU J, et al. Price elasticities of retail energy demands in the United States:New evidence from a panel of monthly data for 2001-2016[J]. Applied Energy, 2018(222): 460-474.

[155] PENG Z. Price-dependent decision of new energy vehicles considering subsidies and backorders[J]. Energy Procedia, 2017(105): 2065-2070.

[156] 刘健，牛东晓，邢棉，等. 基于动态电价的新能源实时调度定价与策略研究[J]. 电网技术，2014，38（5）：1346-1351.

[157] 谢宇翔，张雪敏，罗金山，等. 新能源大规模接入下的未来电力系统演化模型[J]. 中国电机工程学报，2018，38（2）：421-430，673.

[158] YILDIZ B, ARSLAN O, KARAŞAN O E. A branch and price approach for routing and refueling station location model[J]. European Journal of Operational Research, 2016, 248(3): 815-826.

[159] 温剑锋，陶顺，肖湘宁，等. 基于出行链随机模拟的电动汽车充电需求分析[J]. 电网技术，2015，39（6）：1477-1484.

[160] BREETZ, HANNA L, SALON, DEBORAH. Do electric vehicles need subsidies? Ownership costs for conventional, hybrid, and electric vehicles in 14 US cities[J]. Energy policy, 2018(120): 238-249.

[161] GONG B, XIA X, Cheng J. Supply-chain pricing and coordination for new energy vehicles considering heterogeneity in consumers' low carbon preference[J]. Sustainability, 2020, 12(4): 1306.

[162] 李思凝，陈凯．竞争环境下新能源汽车嵌入技术服务的定价策略[J]．系统管理学报，2020，29（3）：561-572.

[163] 黄辉，周祥，张娟．政府补贴下的新能源车双向双渠道闭环供应链的定价研究[J/OL]．系统工程：1-9[2020-07-29]．http：//kns. cnki. net/kcms/detail/43. 1115. N. 20200428. 1411. 002. html.

[164] 唐金环，杨芳，徐家旺，等．双积分制下考虑消费者偏好的二级汽车供应链生产与定价问题研究[J]．工业工程与管理，2021，26（1）：121-129.

[165] 李志学，吴硕锋，雷理钊．我国新能源产业价格补贴政策现状、问题与对策分析[J]．价格月刊，2018（12）：1-7.

[166] 吴义强．能源革命视域下供给侧结构性改革的新能源价格对策[J]．改革与战略，2017，33（5）：46-48.

[167] SIMSHAUSERP, DOWNER D. On the Inequity of flat-rate electricity tariffs[J]. The Energy Journal, 2016, 37(3): 199-229.

[168] FARUQUIA, PALMER J. The discovery of price responsiveness – a survey of experiments involving dynamic pricing of electricity[J]. Social Science Electronic Publishing, 2012, 4(1).

[169] QUILLINAN J D. Pricing for retail electricity[J]. Journal of Revenue and Pricing Management, 2011, 10(6): 545-555.

[170] WANG J, BIVIJI M A, WANG W M. Lessons learned from smart grid enabled pricing programs[C]. 2011 IEEE Power and Energy Conference at Illinois. IEEE, 2011.

[171] HU Z, ZHAN K, ZHANG H, et al. Pricing mechanisms design for guiding electric vehicle charging to fill load valley[J]. Applied Energy, 2016(178): 155-163.

[172] DONG X, MU Y, XU X, et al. A charging pricing strategy of electric vehicle fast charging stations for the voltage control of electricity distribution networks[J]. Applied energy, 2018(225): 857-868.

[173] JI B, MO J, TAN J. Design of power demand response mechanism for high proportion of photovoltaic prosumer[J]. Power System Technology, 2018, 42(10): 3315-3322.

[174] KIRSCHEN D S, STRBAC G, CUMPERAYOT P, et al. Factoring the elasticity of demand in electricity prices[J]. IEEE Transactions on Power Systems, 2000, 15(2): 612-617.

[175] DEVICIENTI F, KLYTCHNIKOVA I, PATERNOSTRO S. Willingness to pay for water and energy: An introductory guide to contingent valuation and coping cost techniques[R]. The World Bank, 2004.

[176] AN L, LUPI F, LIU J, et al. Modeling the choice to switch from fuelwood to electricity:Implications for giant panda habitat conservation[J]. Ecological Economics, 2002, 42(3): 445-457.

[177] 谌微微，许茂增，邢青松. 新能源供给网络合作行为演化机制研究——基于非完全竞争市场下均质价格视角[J]. 科技管理研究，2020，40（6）：223-232.

[178] 段华薇，严余松. 主导权对高铁快递和传统快递合作定价策略的影响[J]. 计算机集成制造系统，2016，22（5）：1355-1362.

[179] 段华薇，严余松. 高铁快递与传统快递合作定价的 Stackelberg 博弈模型[J]. 交通运输系统工程与信息，2015，15（5）：10-15, 23.

[180] 汤海冰，胡志刚. 认知无线网络空闲频谱共享的竞争与合作定价[J]. 系统工程与电子技术，2013，35（1）：173-178.

[181] 周鑫，沙梅，郑士源，等. 基于空间区位模型的港口企业合作定价策略[J]. 上海交通大学学报，2011，45（1）：125-129.

[182] 肖剑，但斌，张旭梅. 双渠道供应链中制造商与零售商的服务合

作定价策略[J]. 系统工程理论与实践，2010，30（12）：2203-2211.

[183] 傅建球，尹启华，徐运保. 基于价格生物链的旅游景区合作定价策略[J]. 现代经济探讨，2010（6）：90-92.

[184] 章文燕. 低碳经济下闭环供应链的合作定价策略研究 ——以浙江台州机电企业的分级合作定价模型为例[J]. 技术经济与管理研究，2010（S1）：8-13.

[185] 张莉，高岩，朱红波，等. 考虑用电量不确定性的智能电网实时定价策略[J]. 电网技术，2019，43（10）：3622-3631.

[186] 杨东伟，赵三珊，张轶伦，等. 基于关键指标控制的多目标绿色电力分时定价策略[J]. 工业工程与管理，2019，24（2）：38-45，54.

[187] 王娟. 新能源产业发展的价格支持策略及完善对策探讨[J]. 价格月刊，2017（5）：44-47.

[188] MADLENERR, MARANO V, VENERI O. Vehicle electrification: Main concepts, energy management, and impact of charging strategies[M]. Technologies and Applications for Smart Charging of Electric and Plug-in Hybrid Vehicles, 2017.

[189] SHAUKAT N, KHAN B, ALI S M, et al. A survey on electric vehicle transportation within smart grid system[J]. Renewable & Sustainable Energy Reviews, 2017, 81(1): 1329-1349.

[190] BROWN T, SCHLACHTBERGER D, KIES A, et al. Synergies of sector coupling and transmission extension in a cost-optimised, highly renewable European energy system[J]. Energy, 2018(160): 720-739.

[191] IYER V M, GULUR S, GOHIL G, et al. An approach towards extreme fast charging station power delivery for electric vehicles with partial power processing[J]. IEEE Transactions on Industrial Electronics, 2019(67): 8076-8087.

[192] ABDI-SIABM, LESANI H. Distribution expansion planning in the presence of plug-in electric vehicle:A bilevel optimization approach[J]. International Journal of Electrical Power & Energy Systems, 2020(121): 106076.

[193] HAN X, WEI Z, HONG Z, et al. Ordered charge control considering the uncertainty of charging load of electric vehicles based on Markov chain[J]. Renewable Energy, 2020.

[194] SOARES J,VALE Z, CANIZES B, et al. Multi-objective parallel particle swarm optimization for day-ahead vehicle-to-grid scheduling[C]. 2013 IEEE Computational Intelligence Applications in Smart Grid (CIASG). IEEE, 2013.

[195] SUN B, HUANG Z, TAN X, et al. Optimal scheduling for electric vehicle charging with discrete charging levels in distribution grid[J]. IEEE Transactions on Smart Grid, 2018, 9(2): 1-1.

[196] MEHTA R, SRINIVASAN D, KHAMBADKONE A M, et al. Smart charging strategies for optimal integration of plug-in electric vehicles within existing distribution system infrastructure[J]. IEEE Transactions on Smart Grid, 2016, 9(1): 299-312.

[197] TAN K M, RAMACHANDARAMURTHY V K, YONG J Y. Integration of electric vehicles in smart grid:A review on vehicle to grid technologies and optimization techniques[J]. Renewable and Sustainable Energy Reviews, 2016, 53(Jan.): 720-732.

[198] İbrahim Şengör, AlperÇiçek, Ayşe KübraErenoğlu, et al. User-comfort oriented optimal bidding strategy of an electric vehicle aggregator in day-ahead and reserve markets[J]. International Journal of Electrical Power & Energy Systems, 2020(122).

[199] TANG Q, WANG K, YANG K, et al. Congestion-balanced and welfare-maximized charging strategies for electric vehicles[J]. IEEE

Transactions on Parallel and Distributed Systems, 2020, 31(12): 2882-2895.

[200] OU S, LIN Z, HE X, et al. Modeling charging infrastructure impact on the electric vehicle market in China[J]. Transportation Research Part D: Transport and Environment, 2020(81).

[201] ANDRENACCI N, RAGONA R, VALENTI G. A demand-side approach to the optimal deployment of electric vehicle charging stations in metropolitan areas[J]. Applied Energy, 2016, 182(Nov.15): 39-46.

[202] ANDRENACCI N, GENOVESE A, RAGONA R. Determination of the level of service and customer crowding for electric charging stations through fuzzy models and simulation techniques[J]. Applied Energy, 2017(208): 97-107.

[203] LI W, LONG R, CHEN H, et al. A review of factors influencing consumer intentions to adopt battery electric vehicles[J]. Renewable and Sustainable Energy Reviews, 2017(78): 318-328.

[204] ALHAZMI Y A, MOSTAFA H A, Salama M M A. Optimal allocation for electric vehicle charging stations using trip success ratio[J]. International Journal of Electrical Power & Energy Systems, 2017(91): 101-116.

[205] WANG Y W. An optimal location choice model for recreation-oriented scooter recharge stations[J]. Transportation Research Part D Transport & Environment,2007,12(3):231-237.

[206] YOU P S, HSIEH Y C. A hybrid heuristic approach to the problem of the location of vehicle charging stations[J]. Computers & Industrial Engineering,2014,70(1):195-204.

[207] Jordán J, Palanca J, del Val E, et al. Using genetic algorithms to optimize the location of electric vehicle charging stations[C]//The

13th International Conference on Soft Computing Models in Industrial and Environmental Applications. Springer, Cham, 2018: 11-20.

[208] Frade, Inês, Ribeiro A ,Gon?Alves G, et al. Optimal location of charging stations for electric vehicles in a neighborhood in Lisbon, Portugal[J]. Transportation Research Record Journal of the Transportation Research Board, 2012(2252): 91-98.

[209] CHEN T D, KOCKELMAN K M, KHAN M. Locating electric vehicle charging stations:Parking-based assignment method for Seattle, Washington[J]. Transportation research record, 2013, 2385(1): 28-36.

[210] PASHAJAVID E, GOLKAR M A. Optimal placement and sizing of plug in electric vehicles charging stations within distribution networks with high penetration of photovoltaic panels[J]. Journal of Renewable and Sustainable Energy, 2013, 5(5).

[211] PHONRATTANASAK P, LEEPRECHANON N. Optimal location of fast charging station on residential distribution grid[J]. International Journal of Innovation, Management and Technology, 2012, 3(6): 675.

[212] KHALKHALI K, ABAPOUR S, MOGHADDAS-TAFRESHI S M, et al. Application of data envelopment analysis theorem in plug-in hybrid electric vehicle charging station planning[J]. IET Generation, Transmission & Distribution, 2015, 9(7): 666-676.

[213] 董洁霜，董智杰. 考虑建站费用的电动汽车充电站选址问题研究[J]. 森林工程，2014，30（6）：104-108.

[214] 高建树，王明强，宋兆康，等. 基于遗传算法的机场充电桩布局选址研究[J]. 计算机工程与应用，2018，54（23）：210-216.

[215] 韩煜东，郭锦锦. 基于遗传算法的快慢充充电站综合布局优化研究[J]. 数学的实践与认识，2016，46（3）：77-88.

[216] 邱金鹏，牛东晓，朱国栋. 基于萤火虫算法的电动汽车充电站优化布局[J]. 华北电力大学学报（自然科学版），2016，43（5）：105-110.

[217] 刘自发，张伟，王泽黎. 基于量子粒子群优化算法的城市电动汽车充电站优化布局[J]. 中国电机工程学报，2012，32（22）：39-45，20.

[218] 于擎，李菁华，赵前扶，等. 基于权重自适应调整的混沌量子粒子群算法的城市电动汽车充电站优化布局[J]. 电测与仪表，2017，54（13）：110-114，119.

[219] 付凤杰，方雅秀，董红召，等. 基于历史行驶路线的电动汽车充电站布局优化[J]. 电力系统自动化，2018，42（12）：72-80.

[220] KUBY M, LIM S. The flow-refueling location problem for alternative-fuel vehicles[J]. Socio-Economic Planning Sciences, 2005, 39(2): 125-145.

[221] WANG D Z W, LO H K. Global optimum of the linearized network design problem with equilibrium flows[J]. Transportation Research Part B: Methodological, 2010, 44(4): 482-492.

[222] CAPAR I, KUBY M, LEON V J, et al. An arc cover–path-cover formulation and strategic analysis of alternative-fuel station locations[J]. European Journal of Operational Research, 2013, 227(1): 142-151.

[223] CAPAR I, KUBY M. An efficient formulation of the flow refueling location model for alternative-fuel stations[J]. IIE Transactions, 2012, 44(8): 622-636.

[224] MIRHASSANI S A, EBRAZI R. A flexible reformulation of the refueling station location problem[J]. Transportation Science, 2012, 47(4): 617-628.

[225] Albareda-Sambola M, Fernández E, Hinojosa Y, et al. The

multi-period incremental service facility location problem[J]. Computers & Operations Research, 2009, 36(5): 1356-1375.

[226] CHUNG S H, KWON C. Multi-period planning for electric car charging station locations:A case of Korean expressways[J]. European Journal of Operational Research, 2015, 242(2): 677-687.

[227] MELAINA M, BREMSON J. Refueling availability for alternative fuel vehicle markets:sufficient urban station coverage[J]. Energy Policy, 2008, 36(8): 3233-3241.

[228] MELAINA M W. Turn of the century refueling:A review of innovations in early gasoline refueling methods and analogies for hydrogen[J]. Energy Policy, 2007, 35(10): 4919-4934.

[229] 杨珍珍，高自友. 数据驱动的电动汽车充电站选址方法[J]. 交通运输系统工程与信息，2018，18（5）：143-150.

[230] 何亚伟，董沛武，陈翔. 基于路网的电动汽车快速充电站布局决策研究[J]. 运筹与管理，2020，29（5）：125-134.

[231] 韩煜东，任瑞丽，许茂增. 目的地充电站电动汽车充电设施优化配置[J]. 运筹与管理，2017，26（8）：76-84.

[232] GUO S, ZHAO H. Optimal site selection of electric vehicle charging station by using fuzzy TOPSIS based on sustainability perspective[J]. Applied Energy, 2015(158): 390-402.

[233] TU W, LI Q, FANG Z, et al. Optimizing the locations of electric taxi charging stations:A spatial-temporal demand coverage approach[J]. Transportation Research Part C:Emerging Technologies, 2016(65): 172-189.

[234] 王文涛，许献元. 基于复杂网络理论的电动汽车充电设施布局合理性研究[J]. 技术经济，2017，36（7）：97-109.

[235] 周思宇，杨建伟，顾博，等. 基于城市特征差异性的充电设施规划[J]. 西南大学学报（自然科学版），2019，41（10）：133-141.

[236] 黄雪琪，何博，袁新枚，等. 中国超快充电站全生命周期经济性分析[J]. 电力建设，2018，39（6）：15-20.

[237] 燕春. 无地上箱体的电动汽车智能充电桩关键技术研究[D]. 天津：天津工业大学，2018.

[238] 王亚楠，李世杰. 我国电动汽车的充电设施建设与维修的几点思考[J]. 科技创新与应用，2017（4）：139.

[239] 张如耀. 电动汽车充电站监控系统的开发与研究[D]. 青岛：青岛科技大学，2017.

[240] 范佳，鲁涛，胡成潇. 汽车充电桩远程短信报警系统[J]. 山东工业技术，2016（2）：136-137.

[241] 徐晓东. 新能源汽车慢充充电故障及维修技术研究[J]. 汽车零部件，2020（2）：85-87.

[242] 艾卫东. 北汽新能源 EV160 慢充充电设备故障与维修[J]. 汽车电器，2019（9）：33-37.

[243] 杨莎莎. 基于故障树的直流充电桩故障诊断专家系统研究[D]. 北京：北京交通大学，2019.

[244] 李晨阳. 北京市电动汽车充电桩全寿命期管理研究[D]. 北京：北京建筑大学，2019.

[245] 李二霞，亢超群，李玉凌，等. 基于设备状态评价和电网损失风险的配电网检修计划优化模型[J]. 高电压技术，2018（11）：1-9.

[246] 卞建鹏，杨苏，高世闯，等. 基于全寿命周期成本的电力变压器检修决策[J]. 电力系统及其自动化学报，2019，31（05）：77-83.

[247] WANG J, LIAO R, ZHANG Y, et al. Economic life assessment of power transformers using an improved model[J]. CSEE Journal of Power and Energy Systems, 2015, 1(3): 68-75.

[248] 刘志文，董旭柱，吴争荣，等. 考虑灵活定义约束的配电网检修计划双层优化方法[J]. 电工技术学报，2018，33（10）：2208-2216.

[249] 刘增民. 地铁车辆大、架修检修作业时间的研究与分析[J]. 铁道

标准设计，2018，62（9）：179-182.

[250] 吴晨恺，陈进，林凤涛. 基于等效锥度的动车组三级修间隔周期研究[J]. 城市轨道交通研究，2018，21（10）：48-51.

[251] 吕承超，徐倩. 新丝绸之路经济带交通基础设施空间非均衡及互联互通政策研究[J]. 上海财经大学学报，2015，17（2）：44-53，85.

[252] 李金华. 中国高端制造业空间分布非均衡态测度分析[J]. 新疆师范大学学报（哲学社会科学版），2019，40（2）：127-137.

[253] 刘华军，张权，杨骞. 中国高等教育资源空间分布的非均衡与极化研究[J]. 教育发展研究，2013，33（9）：1-7.

[254] 方敏. 长三角城市群旅游发展的非均衡演进——基于极化的视角[J]. 社会科学家，2018（11）：80-88.

[255] 陈恒，魏修建，尹筱雨. 中国物流业发展的非均衡性及其阶段特征——基于劳动力投入的视角[J]. 数量经济技术经济研究，2016，33（11）：3-22.

[256] 汪小帆，李翔，陈关荣. 网络科学导论[M]. 北京：高等教育出版社，2012.

[257] 谌微微，张富贵，赵晓波. 轨道交通线网拓扑结构模型及节点重要度分析[J]. 重庆交通大学学报（自然科学版），2019，38（7）：107-113.

[258] 贺洪智. 基于数据和整体的航空网络静态定价模型[J]. 数学的实践与认识，2015，45（15）：178-188.

[259] 韩煜东，任瑞丽，许茂增. 目的地充电站电动汽车充电设施优化配置[J]. 运筹与管理，2017，26（8）：76-84.

[260] 周天沛，孙伟. 基于充电设备利用率的电动汽车充电路径多目标优化调度[J]. 电力系统保护与控制，2019，47（4）：115-123.

[261] 郭玲玲，武春友，于惊涛. 中国能源安全系统的仿真模拟[J]. 科研管理，2015，36（1）：112-120.

[262] 梁广华. 我国能源价格形成机制及其在节能减排中应用研究[J]. 价格理论与实践，2010（3）：30-31.

[263] FRIEDMAN D. Evolutionary games in economics[J]. Econometrica, 2010, 59 (3): 637-666.

[264] 刘敦楠，徐尔丰，许小峰. 面向园区微网的"源—网—荷—储"一体化运营模式[J]. 电网技术，2018，42（3）：681-689.

[265] 张粒子，张伊美，叶红豆，等. 可选择两部制电价定价模型及其方法[J]. 电力系统自动化，2016，40（3）：59-65.

[266] 赵红梅. 基于 Gompertz 曲线模型之上的中国千人汽车保有量中长期预测[J]. 工业技术经济，2012，31（7）：7-23.

[267] 张学龙，王军进. 基于 Shapley 值法的新能源汽车供应链中政府补贴分析[J]. 软科学，2015，29（9）：54-58.

[268] 谢宇翔，张雪敏，罗金山，等. 新能源大规模接入下的未来电力系统演化模型[J]. 中国电机工程学报，2018，38（2）：421-430，673.

[269] 温剑锋，陶顺，肖湘宁，等. 基于出行链随机模拟的电动汽车充电需求分析[J]. 电网技术，2015，39（6）：1477-1484.

[270] 林伯强，姚昕，刘希颖. 节能和碳排放约束下的中国能源结构战略调整[J]. 中国社会科学，2010（1）：58-71，222.

[271] 卢志刚，姜春光，李学平，等. 清洁能源与电动汽车充电站协调投资的低碳效益分析[J]. 电工技术学报，2016，31（19）：163-171.

[272] 周永圣，曲冲冲，李伯昊，等. 基于 Shapley 值法的快递自提补贴价格研究[J]. 系统工程理论与实践，2018，38（3）：687-695.

[273] 谢青，田志龙. 创新政策如何推动我国新能源汽车产业的发展——基于政策工具与创新价值链的政策文本分析[J]. 科学学与科学技术管理，2015，36（6）：3-14.

[274] 高霞，陈凯华. 合作创新网络结构演化特征的复杂网络分析[J]. 科研管理，2015，36（6）：28-36.

[275] 丁玉奎，吴翼．废旧钝化黑索金在丙酮溶剂中溶解度的测定与关联[J]．兵工学报，2015，36（S1）：343-347

[276] LI J, YU K, GAO P. Recycling and pollution control of the end of life vehicles in China[J]. Journal of Material Cycles & Waste Management, 2014, 16(1): 31-38.

[277] 周谧，朱祖伟．我国纯电动汽车的生命周期可持续性评价[J]．工业技术经济，2018，37（10）：75-84.

[278] 甄文媛．电动车的营销组合拳[J]．汽车纵横，2014（7）：68-71.

[279] 张志义，余涛，王德志，等．基于集成学习的含电气热商业楼宇群的分时电价求解[J]．中国电机工程学报，2019，39（1）：112-125，326.

[280] 宋维鑫，侯红帅，纪效波．磷酸钒钠 Na3V2（PO4）3 电化学储能研究进展[J]．物理化学学报，2017，33（1）：103-129.

[281] 李明，胡殿刚，周有学．基于"两个替代"战略的甘肃新能源就地消纳模式研究与实践[J]．电网技术，2016，40（10）：2991-2997.

[282] 李苏秀，刘颖琦，Ari Kokko．中国新能源汽车产业不同阶段商业模式创新特点及案例研究[J]．经济问题探索，2017（8）：158-168.

[283] 国家发改委、工信部、民政部、财政部、住建部、交通运输部、农业农村部、商务部、卫生健康委、市场监管总局关于印发《进一步优化供给推动消费平稳增长促进形成强大国内市场的实施方案（2019 年）》的通知[Z]．中华人民共和国中央人民政府，2019-01-29.

[284] 交通运输部、中宣部、国家发改委、工信部、财政部、生态环境部等多部门关于印发绿色出行行动计划（2019—2022 年）的通知[Z]．中华人民共和国中央人民政府，2019-06-03.

[285] 马建，刘晓东，陈轶嵩，等．中国新能源汽车产业与技术发展现状及对策[J]．中国公路学报，2018，31（8）：1-19.

[286] 焦建玲，陈洁，李兰兰，等．碳减排奖惩机制下地方政府和企业

行为演化博弈分析[J]. 中国管理科学，2017，25（10）：140-150.

[287] 张憧. 电动汽车续驶里程影响因素及预测研究[D]. 合肥：合肥工业大学，2018.

[288] 国务院关于印发节能与新能源汽车产业发展规划（2012—2020 年）的通知[Z]. 中华人民共和国国务院公报，2012-07-20.

[289] 工业和信息化部、国家发展改革委、科技部关于印发《汽车产业中长期发展规划》的通知[Z]. 中华人民共和国科学技术部，2017-04-06.

[290] FANG Z, TU W, LI Q, et al. A Voronoi neighborhood-based search heuristic for distance/capacity constrained very large vehicle routing problems[J]. International Journal of Geographical Information Science, 2013, 27(4): 741-764.